Klasse 9/10

Hans-J. Schmidt

Sinus, Kosinus und Tangens

s s h β a a

12,4 cm h 68 ° r

f 3 cm β e α 2 cm 4 cm

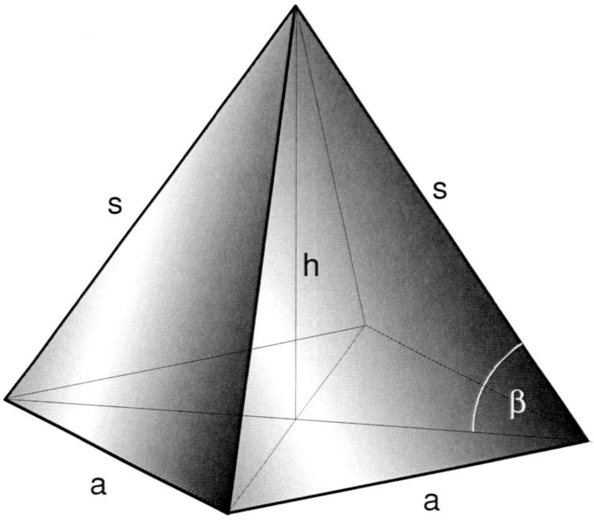

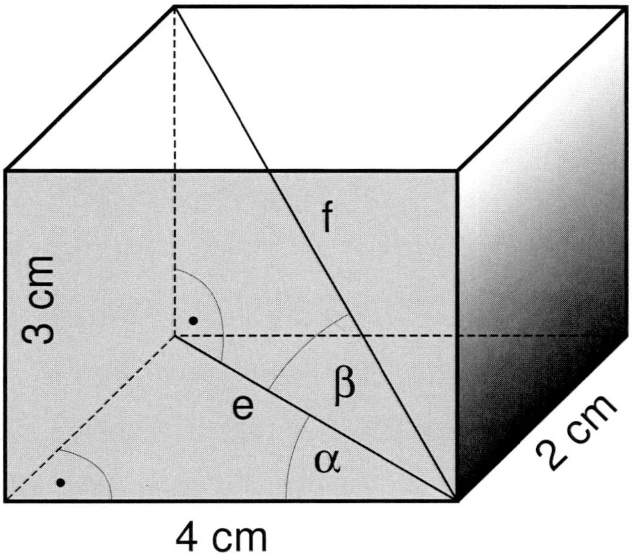

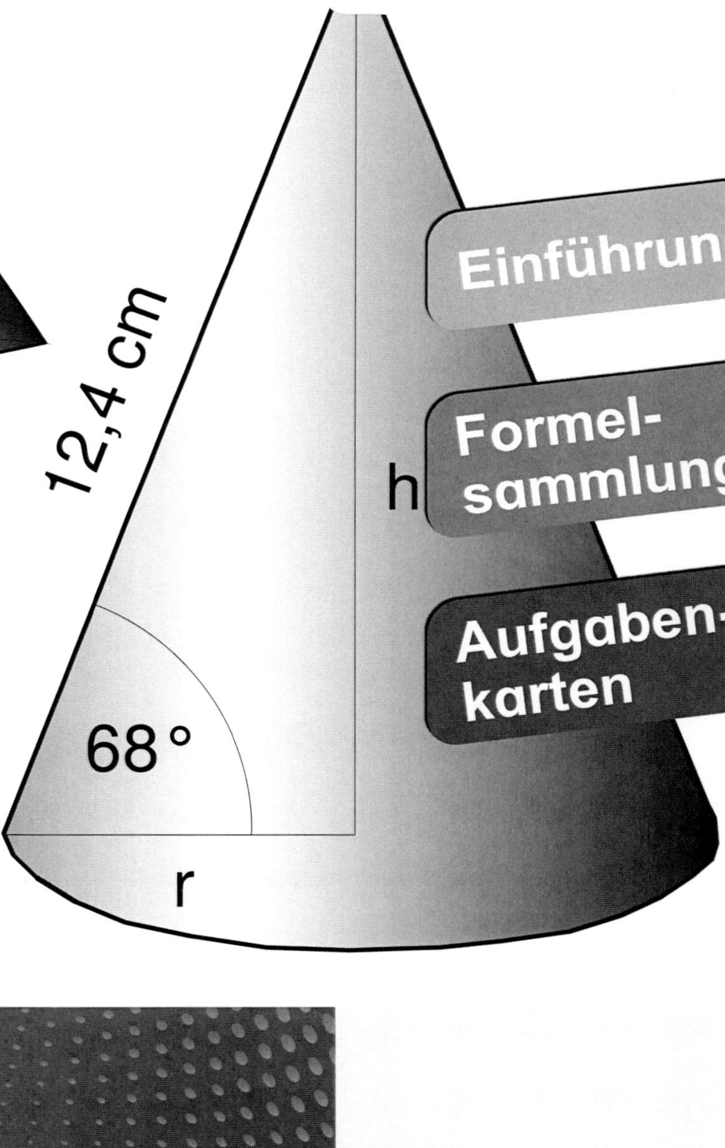

Einführung

Formelsammlung

Aufgabenkarten

Basistraining zur Trigonometrie

Sinus, Kosinus und Tangens

Basistraining zur Trigonometrie

12. Auflage 2025

Inhalt: Hans-J. Schmidt
Coverbild: © 31moonlight31 - AdobeStock.com
Redaktion: Kohl-Verlag
Grafik & Satz: Kohl-Verlag
Druck: farbo prepress GmbH, Köln

Bestell-Nr. 11 073

ISBN: 978-3-86632-296-7

Kontakt: Kohl-Verlag, An der Brennerei 37-45, 50170 Kerpen
Tel: +49 2275 331610, Mail: info@kohlverlag.de

Der vorliegende Band ist eine Print-Einzellizenz

Sie wollen unsere Kopiervorlagen auch digital nutzen? Kein Problem – fast das gesamte KOHL-Sortiment ist auch sofort als PDF-Download erhältlich! Wir haben verschiedene Lizenzmodelle zur Auswahl:

	Print-Version	PDF-Einzellizenz	PDF-Schullizenz	Kombipaket Print & PDF-Einzellizenz	Kombipaket Print & PDF-Schullizenz
Unbefristete Nutzung der Materialien	x	x	x	x	x
Vervielfältigung, Weitergabe und Einsatz der Materialien im eigenen Unterricht	x	x	x	x	x
Nutzung der Materialien durch alle Lehrkräfte des Kollegiums an der lizensierten Schule			x		x
Einstellen des Materials im Intranet oder Schulserver der Institution			x		x

Die erweiterten Lizenzmodelle zu diesem Titel sind jederzeit im Online-Shop unter www.kohlverlag.de erhältlich.

Inhaltsverzeichnis

KOHL VERLAG Lernen mit Erfolg
Sinus, Kosinus und Tangens
Basistraining zur Trigonometrie – Bestell-Nr. 11 073

Vorbemerkungen

Sehr geehrte Kolleginnen und Kollegen,

die Kompetenzerwartungen am Ende der Jahrgangsstufe 10 sehen vor, dass Schülerinnen und Schüler geometrische Größen berechnen und dazu u. a. die Definitionen von Sinus, Kosinus und Tangens verwenden.[1] Schülerinnen und Schülern war es bislang nur möglich, Seitenlängen mit Hilfe des Satzes von Pythagoras zu berechnen (Klasse 9). Es sollen nun Verfahren angewendet werden, mit denen man auch die Winkel und Längen in rechtwinkligen Dreiecken aus zwei gegebenen Stücken berechnen kann.

Dieses Stoffgebiet der Mathematik, die sogenannte Trigonometrie [trigonon (griech.) Dreieck, metron (griech.) Maß][2], beschäftigte bereits griechische Mathematiker in der Antike. Aristarch von Samos, der von 310 v. Chr. bis 230 v. Chr. lebte, nutzte bereits die Eigenschaften rechtwinkliger Dreiecke, um z.B. zu berechnen, dass der Durchmesser der Erde dreimal so groß ist wie der des Mondes. Er war auch der erste Astronom, der die Sonne und nicht die Erde ins Zentrum des Weltalls stellte. In Europa machte Johann Müller (1436-1476), der sich Regiomontanus nannte, die Trigonometrie zu einem selbstständigen Zweig der Mathematik. Er benutzte allerdings nur die Sinusfunktion und erstellte dazu eine ausführliche Sinuswertetabelle.

Das auf den folgenden Seiten zusammengestellte Material ist so gehalten, dass Schülerinnen und Schüler sich das Stoffgebiet eigenständig erarbeiten können und sie somit „Verantwortung für das eigene Lernen ... übernehmen und bewusst Lernstrategien einsetzen (selbstgesteuertes Lernen als Voraussetzung für lebenslanges Lernen)“.[3]

Viel Freude und Erfolg beim Einsatz der vorliegenden Kopiervorlagensammlung wünschen Ihnen der Kohl-Verlag und

Hans-J. Schmidt

Die Vorlagen auf den Seiten 6, 8 und 10 ermöglichen es, Sinus-, Kosinus- und Tangenswerte zeichnerisch zu ermitteln. Die Arbeitsanweisung lautet: Zeichne einen Strahl, der ... .
Effektiver ist es, wenn man diese Seiten auf stärkerem Karton kopiert, im Ursprung mit einer Stecknadel ein kleines Loch „piekst“ und einen Bindfaden hindurchführt, den man auf der Rückseite mit einem Streifen Paketband fixiert. So lassen sich schnell alle möglichen Werte auf zwei Dezimalstellen genau ermitteln. Für den Unterrichtenden empfiehlt es sich, Folien für die Overheadprojektion zu ziehen.
Die 50 Aufgabenkarten Trigonometrie der Seiten 14-38 werden kopiert, ausgeschnitten, in der Mitte gefalzt und entweder zusammengeklebt oder laminiert. Man erhält so eine Lernkartei, die sich über Jahre hin verwenden und ergänzen lässt. Laminierte Aufgabenkarten haben den Vorteil, dass sie länger haltbar sind und man sie mit wasserlöslichen Stiften beschriften kann.
Auf den Seiten 42-44 wird der Themenbereich „Wir vermessen im Gelände“ angesprochen. Die Schülerinnen und Schüler sollen zunächst ein Modell basteln, mit dem man Höhen- und Tiefenwinkel zwar nicht exakt, aber dennoch ausreichend genau bestimmen kann, um z.B. die Höhen von Gebäuden zu berechnen. Hier wird der Unterrichtende Hilfestellung leisten müssen. Interessant wäre es auch, das Vermessungsamt der Stadt oder der Gemeinde einzubeziehen, deren Mitarbeiter demonstrieren können, wie im Gelände vermessen wird. Der Autor hat diesbezüglich an einer Realschule mit dem Vermessungsamt der Stadt Mülheim an der Ruhr gute Erfahrungen sammeln können.

[1] Kernlehrplan für die Realschule in Nordrhein-Westfalen - Mathematik, Seite 30

[2] Den Begriff Trigonometrie führte Bartholomäus Pitiscus 1595 in seinem Trigonometria: sive de solutione triangolorum tractatus brevis et perspicuus ein.

[3] Kernlehrplan für die Realschule in Nordrhein-Westfalen - Mathematik, Seite 11

Einführung I

Hier siehst du vier rechtwinklige Dreiecke (AB_1C_1, AB_2C_2, AB_3C_3, ABC), die in ihren Winkeln übereinstimmen und darum ähnlich sind. Misst man z. B. die Strecken $\overline{C_1B_1}$, $\overline{C_2B_2}$, $\overline{C_3B_3}$ und $\overline{AB_1}$, $\overline{AB_2}$, $\overline{AB_3}$ und setzt sie ins Verhältnis, so erhält man folgende Tabellen:

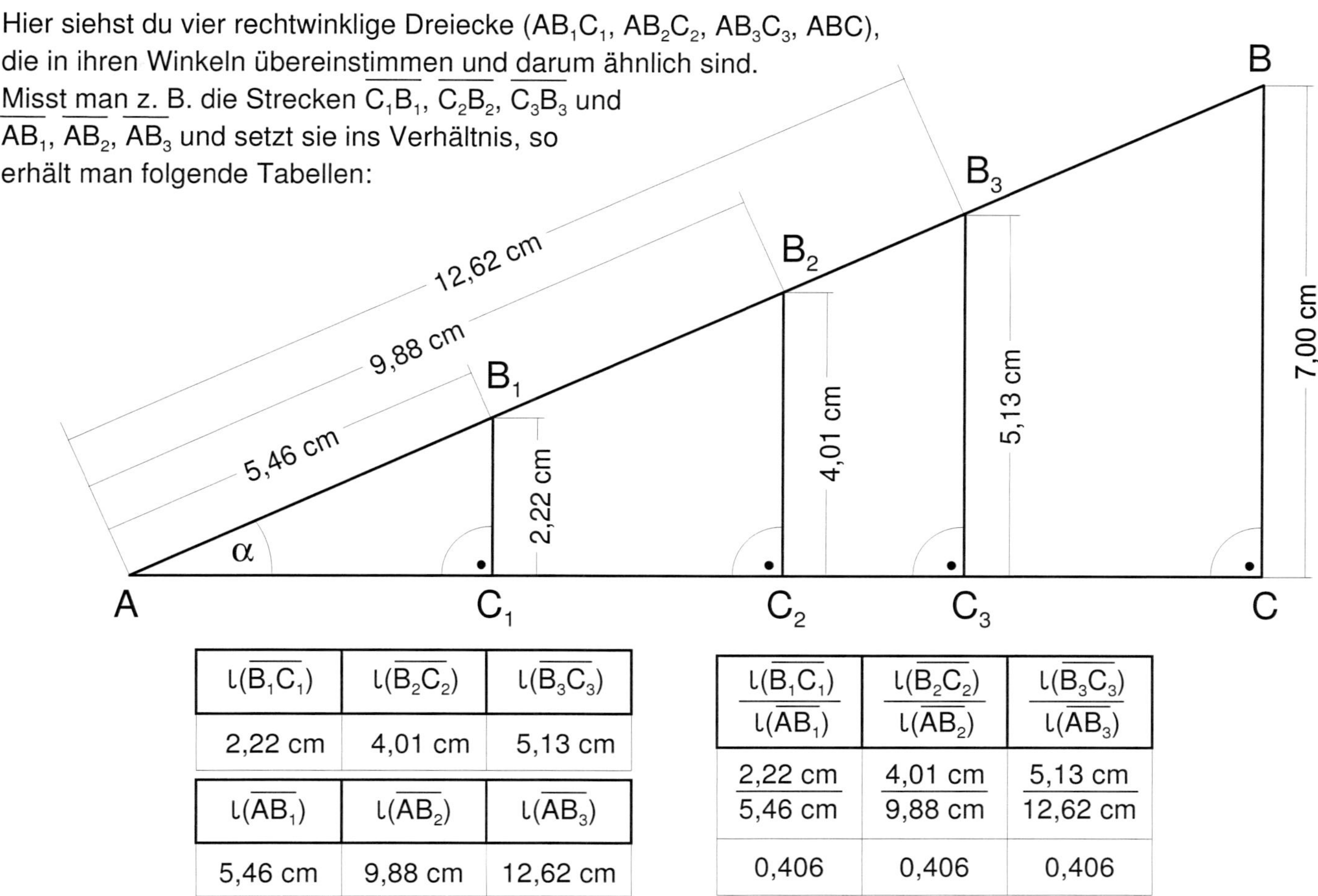

$\ell(\overline{B_1C_1})$	$\ell(\overline{B_2C_2})$	$\ell(\overline{B_3C_3})$
2,22 cm	4,01 cm	5,13 cm

$\ell(\overline{AB_1})$	$\ell(\overline{AB_2})$	$\ell(\overline{AB_3})$
5,46 cm	9,88 cm	12,62 cm

$\frac{\ell(\overline{B_1C_1})}{\ell(\overline{AB_1})}$	$\frac{\ell(\overline{B_2C_2})}{\ell(\overline{AB_2})}$	$\frac{\ell(\overline{B_3C_3})}{\ell(\overline{AB_3})}$
$\frac{2{,}22 \text{ cm}}{5{,}46 \text{ cm}}$	$\frac{4{,}01 \text{ cm}}{9{,}88 \text{ cm}}$	$\frac{5{,}13 \text{ cm}}{12{,}62 \text{ cm}}$
0,406	0,406	0,406

Du erkennst:

> In allen rechtwinkligen Dreiecken, die in der Größe eines spitzen Winkels übereinstimmen, hat das Längenverhältnis aus der Kathete, die dem Winkel α gegenüberliegt, und der Hypotenuse stets den gleichen Wert.

Offenbar hängt dieser Wert von der Größe des Winkels α ab. Man sagt, dass das Seitenverhältnis eine Funktion des Winkels α ist und drückt das so aus: $\sin \alpha = 0{,}406$ [sprich: sinus alpha].
$\sin \alpha$ gibt also ein Zahlenverhältnis an und ist daher unbenannt.

Du fragst dich sicherlich, wozu das nützlich ist?

Stell dir vor, du möchtest wissen, wie lang die Strecke $\overline{AB}$ ist, ohne dass du ausmessen willst.
Du weißt, dass $\ell(\overline{CB}) = 7{,}00$ cm ist. Weiterhin ist dir bekannt, dass

$\frac{\ell(\overline{CB})}{\ell(\overline{AB})} = 0{,}406$. Damit bist du in der Lage, $\ell(\overline{AB})$ auszurechnen:

$$\ell(\overline{AB}) = \frac{\ell(\overline{CB})}{0{,}406}$$

$$\ell(\overline{AB}) = \frac{7{,}00}{0{,}406}$$

$$\ell(\overline{AB}) \approx 17{,}2 \text{ [cm]}$$

Die große Frage ist nun, welcher Winkel gehört zu dem Längenverhältnis 0,406 aus der gegenüberliegenden Kathete und der Hypotenuse? Es sieht so aus, dass α etwa 24° beträgt.
Lässt sich jedem Winkel ein solches Verhältnis zuordnen und wie - bitte schön - komme ich an diese Zahl? Mehr dazu auf der nächsten Seite.

Sinus, Kosinus und Tangens
Basistraining zur Trigonometrie – Bestell-Nr. 11 073
KOHL VERLAG

Ermittlung von Sinuswerten

Die Sinuswerte lassen sich zeichnerisch ermitteln, indem man in dem unten abgebildeten Viertelkreis rechtwinklige Dreiecke mit einem bestimmten Winkel einzeichnet.
Das klappt deshalb, weil die Hypotenuse immer eine Länge von 1 hat.

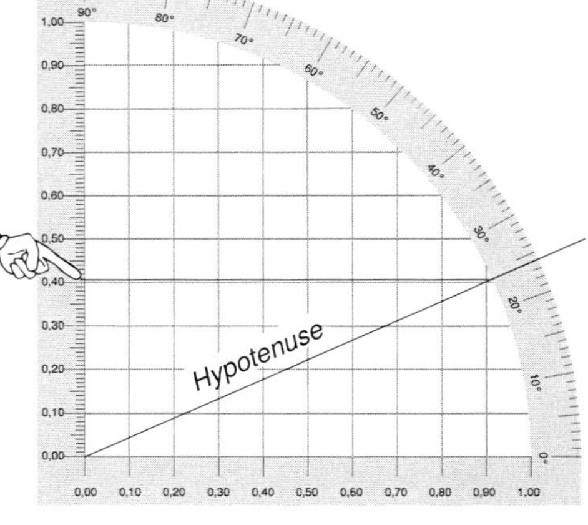

So ermittelst du Sinuswerte aus der Zeichnung:

Bestimme sin 24°.

1. Zeichne einen Strahl, der durch 24° verläuft und den Viertelkreis schneidet.
2. Gehe vom Schnittpunkt des Strahls mit dem Viertelkreis auf die linke Skala und lies dort 0,406 ab.

AUFGABE 1

Bestimme mit Hilfe der Zeichnung die Sinuswerte.

α	11°	28°	37°	49°	55°	65°	75°
sin α							

AUFGABE 2

Bestimme mit Hilfe der Zeichnung den Winkel, der zu dem Zahlenverhältnis gehört.

sin α	0,09	0,14	0,26	0,31	0,50
α					

Sinus, Kosinus und Tangens
Basistraining zur Trigonometrie – Bestell-Nr. 11 073
KOHL VERLAG

Einführung II

Hier siehst du vier rechtwinklige Dreiecke (AB_1C_1, AB_2C_2, AB_3C_3, ABC), die in ihren Winkeln übereinstimmen und darum ähnlich sind.
Misst man z. B. die Strecken $\overline{AC_1}$, $\overline{AC_2}$, $\overline{AC_3}$ und $\overline{AB_1}$, $\overline{AB_2}$, $\overline{AB_3}$ und setzt sie ins Verhältnis, so erhält man folgende Tabellen:

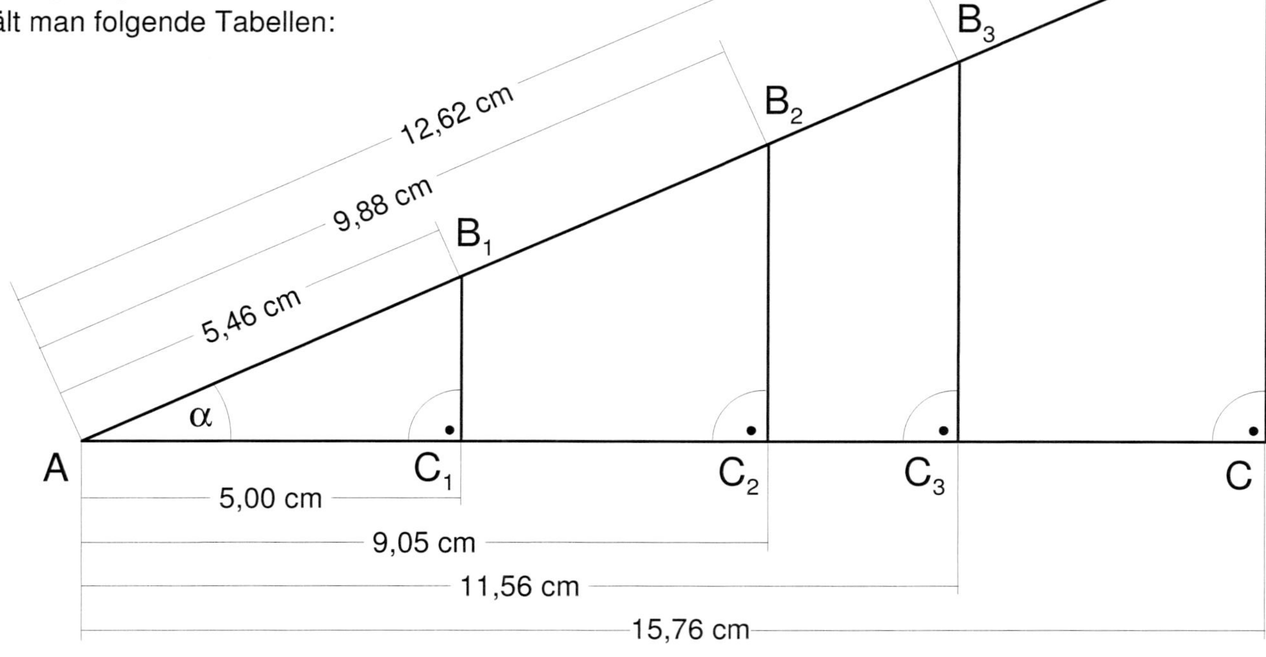

$l(\overline{AC_1})$	$l(\overline{AC_2})$	$l(\overline{AC_3})$
5,00 cm	9,05 cm	11,56 cm

$l(\overline{AB_1})$	$l(\overline{AB_2})$	$l(\overline{AB_3})$
5,46 cm	9,88 cm	12,62 cm

$\frac{l(\overline{AC_1})}{l(\overline{AB_1})}$	$\frac{l(\overline{AC_2})}{l(\overline{AB_2})}$	$\frac{l(\overline{AC_3})}{l(\overline{AB_3})}$
$\frac{5{,}00\text{ cm}}{5{,}46\text{ cm}}$	$\frac{9{,}05\text{ cm}}{9{,}88\text{ cm}}$	$\frac{11{,}56\text{ cm}}{12{,}62\text{ cm}}$
0,916	0,916	0,916

Du erkennst:

> In allen rechtwinkligen Dreiecken, die in der Größe eines spitzen Winkels übereinstimmen, hat das Längenverhältnis aus der Kathete, die dem Winkel α anliegt, und der Hypotenuse stets den gleichen Wert.

Offenbar hängt dieser Wert von der Größe des Winkels α ab. Man sagt, dass das Seitenverhältnis eine Funktion des Winkels α ist und drückt das so aus: $\cos\alpha = 0{,}916$ [sprich: cosinus alpha].
cos α gibt also ein Zahlenverhältnis an und ist daher unbenannt.
Du bist somit in der Lage, die Länge der Strecke $\overline{AB}$ zu bestimmen. Weil $\frac{l(\overline{AC})}{l(\overline{AB})} = 0{,}916$ gilt:

$$l(\overline{AB}) = \frac{l(\overline{AC})}{0{,}916}$$

$$l(\overline{AB}) = \frac{15{,}76}{0{,}916}$$

$$l(\overline{AB}) \approx 17{,}2\ [\text{ cm }]$$

Die große Frage ist nun, welcher Winkel gehört zu dem Längenverhältnis 0,916 aus der anliegenden Kathete und der Hypotenuse? Es sieht so aus, dass α etwa 24° beträgt.
Lässt sich jedem Winkel ein solches Verhältnis zuordnen und wie - bitte schön - komme ich an diese Zahl? Mehr dazu auf der nächsten Seite.

Sinus, Kosinus und Tangens
Basistraining zur Trigonometrie – Bestell-Nr. 11 073

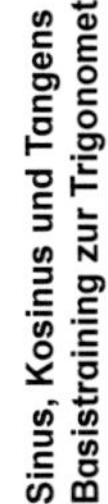

Ermittlung von Kosinuswerten

Die Kosinuswerte lassen sich zeichnerisch ermitteln, indem man in dem unten abgebildeten Viertelkreis rechtwinklige Dreiecke mit einem bestimmten Winkel einzeichnet.
Das klappt deshalb, weil die Hypotenuse immer eine Länge von 1 hat.

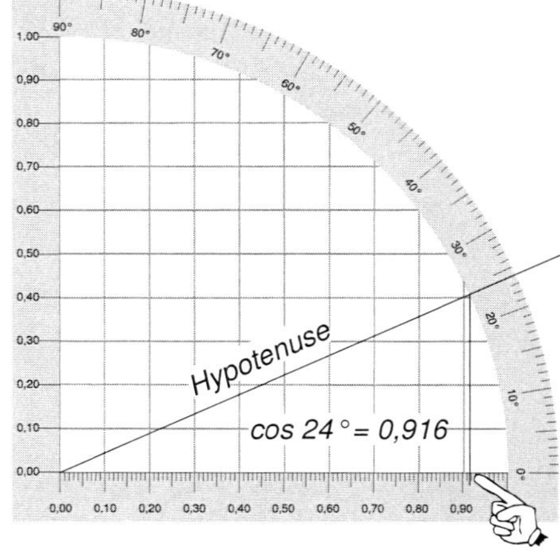

So ermittelst du Kosinuswerte aus der Zeichnung:

Bestimme cos 24°.

1. Zeichne einen Strahl, der durch 24° verläuft und den Viertelkreis schneidet.
2. Gehe vom Schnittpunkt des Strahls mit dem Viertelkreis auf die untere Skala und lies dort 0,916 ab.

AUFGABE 1

Bestimme mit Hilfe der Zeichnung die Kosinuswerte.

α	11°	28°	37°	49°	55°	65°	75°
cos α							

AUFGABE 2

Bestimme mit Hilfe der Zeichnung den Winkel, der zu dem Zahlenverhältnis gehört.

cos α	0,09	0,14	0,50	0,63	0,83
α					

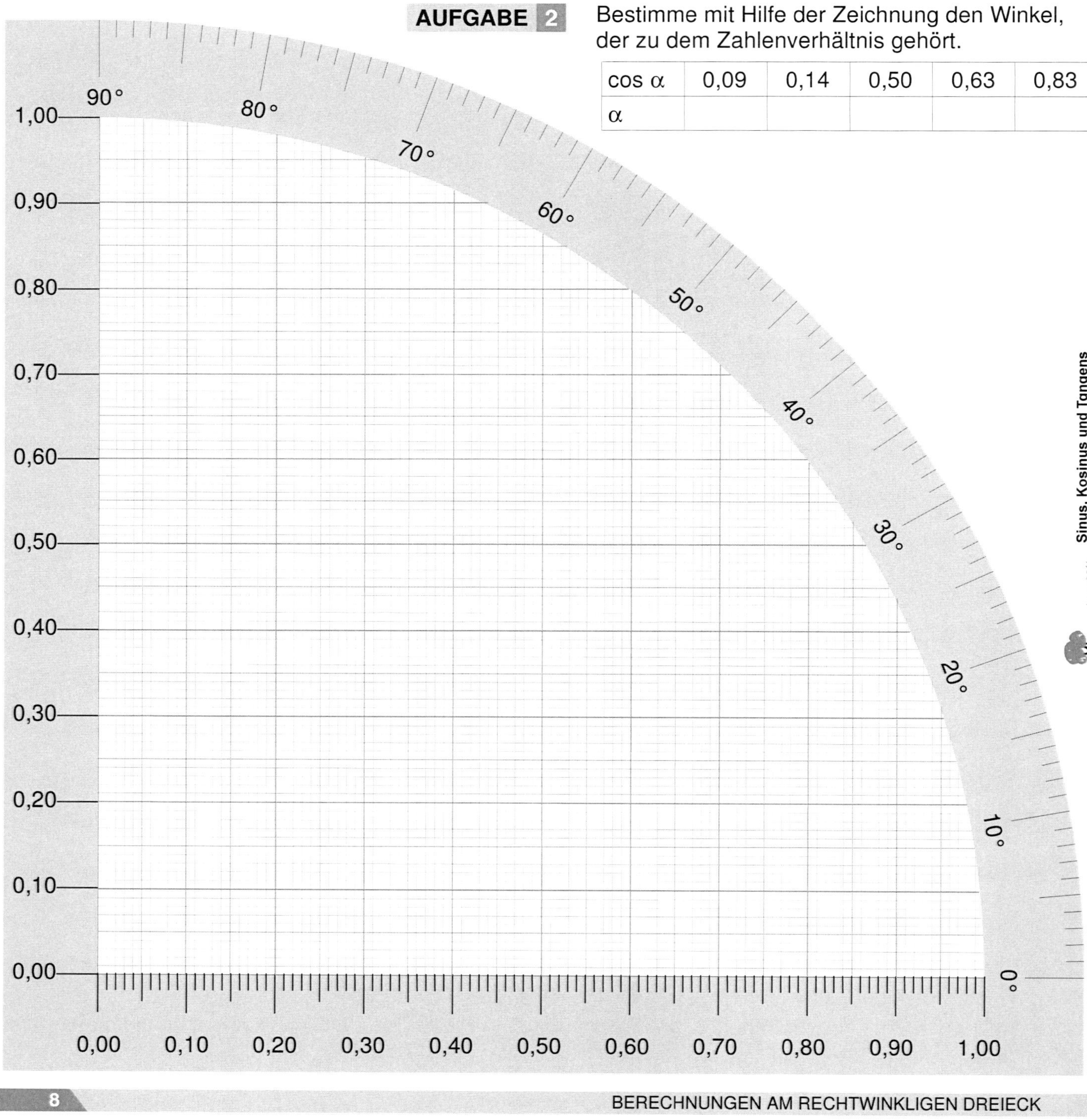

Sinus, Kosinus und Tangens Basistraining zur Trigonometrie – Bestell-Nr. 11 073
KOHL VERLAG

Einführung III

Hier siehst du vier rechtwinklige Dreiecke (AB_1C_1, AB_2C_2, AB_3C_3, ABC), die in ihren Winkeln übereinstimmen und darum ähnlich sind. Misst man z. B. die Strecken $\overline{B_1C_1}$, $\overline{B_2C_2}$, $\overline{B_3C_3}$ und $\overline{AC_1}$, $\overline{AC_2}$, $\overline{AC_3}$ und setzt sie ins Verhältnis, so erhält man folgende Tabellen:

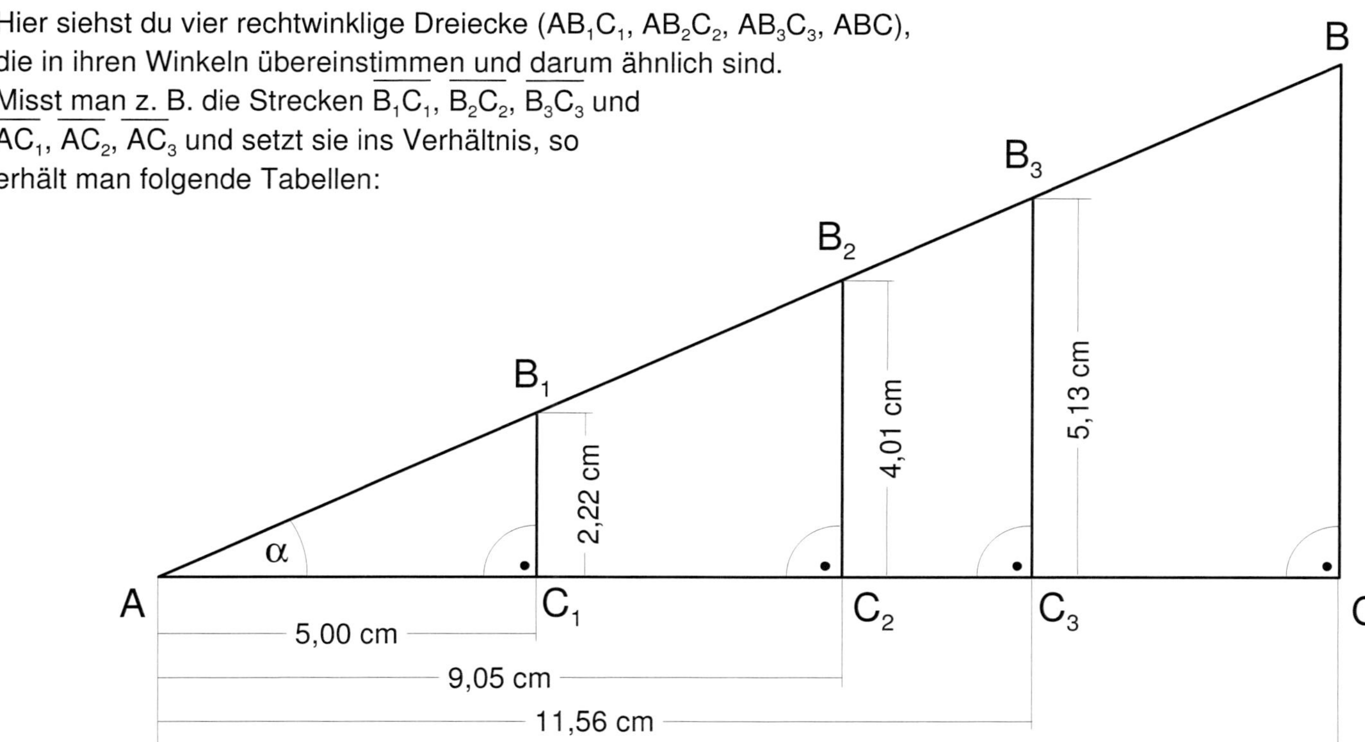

$l(\overline{B_1C_1})$	$l(\overline{B_2C_2})$	$l(\overline{B_3C_3})$
2,22 cm	4,01 cm	5,13 cm
$l(\overline{AC_1})$	$l(\overline{AC_2})$	$l(\overline{AC_3})$
5,00 cm	9,05 cm	11,56 cm

$\frac{l(\overline{B_1C_1})}{l(\overline{AC_1})}$	$\frac{l(\overline{B_2C_2})}{l(\overline{AC_2})}$	$\frac{l(\overline{B_3C_3})}{l(\overline{AC_3})}$
$\frac{2{,}22\text{ cm}}{5{,}00\text{ cm}}$	$\frac{4{,}01\text{ cm}}{9{,}05\text{ cm}}$	$\frac{5{,}13\text{ cm}}{11{,}56\text{ cm}}$
0,444	0,443	0,443

Du erkennst:

> In allen rechtwinkligen Dreiecken, die in der Größe eines spitzen Winkels übereinstimmen, hat das Längenverhältnis aus der Kathete, die dem Winkel α gegenüberliegt, und der anderen Kathete stets den gleichen Wert.

Offenbar hängt dieser Wert von der Größe des Winkels α ab. Man sagt, dass das Seitenverhältnis eine Funktion des Winkels α ist und drückt das so aus: tan α = 0,433 [sprich: tangens alpha].
tan α gibt also ein Zahlenverhältnis an und ist daher unbenannt.
Du bist somit in der Lage, die Länge der Strecke $\overline{BC}$ zu bestimmen. Weil $\frac{l(\overline{BC})}{l(\overline{AC})} = 0{,}443$, gilt:

$$l(\overline{BC}) = l(\overline{AC}) \cdot 0{,}443$$

$$l(\overline{BC}) = 15{,}76 \cdot 0{,}443$$

$$l(\overline{BC}) \approx 7{,}00\ [\text{ cm }]$$

Die große Frage ist nun, welcher Winkel gehört zu dem Längenverhältnis 0,916 aus der gegenüberliegenden Kathete und der anliegenden Kathete?
Es sieht so aus, dass α etwa 24° beträgt.
Lässt sich jedem Winkel ein solches Verhältnis zuordnen und wie - bitte schön - komme ich an diese Zahl? Mehr dazu auf der nächsten Seite.

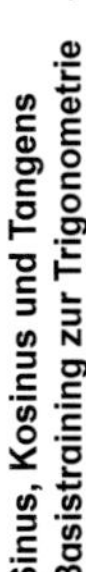

KOHL VERLAG

Ermittlung von Tangenswerten

Du kannst Tangenswerte zeichnerisch ablesen, weil die Kathete, die dem Winkel anliegt, eine Länge von einer Einheit (z. B. 11,7 cm, 2 m, 10 m) aufweist.

So ermittelst du Tangenswerte aus der Zeichnung:

Bestimme tan 32°.

1. Zeichne einen Strahl, der durch 32° verläuft und die senkrechte Achse schneidet.

2. Lies den Wert auf der Achse ab: 0,625.

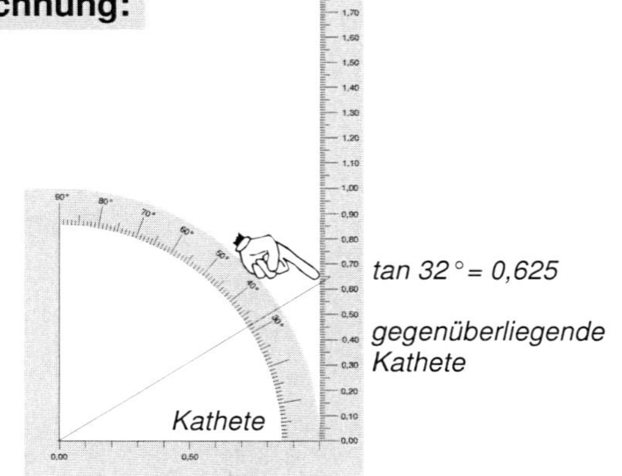

AUFGABE 1

Bestimme mit Hilfe der Zeichnung die gewünschten Tangenswerte.

α	5°	8°	17°	29°	45°	55°	57°	60°	62°
tan α									

AUFGABE 2

Bestimme mit Hilfe der Zeichnung die Größe des Winkels.

tan α	0,15	0,21	0,37	0,42	0,69	0,83	1,15	1,60	1,70
α									

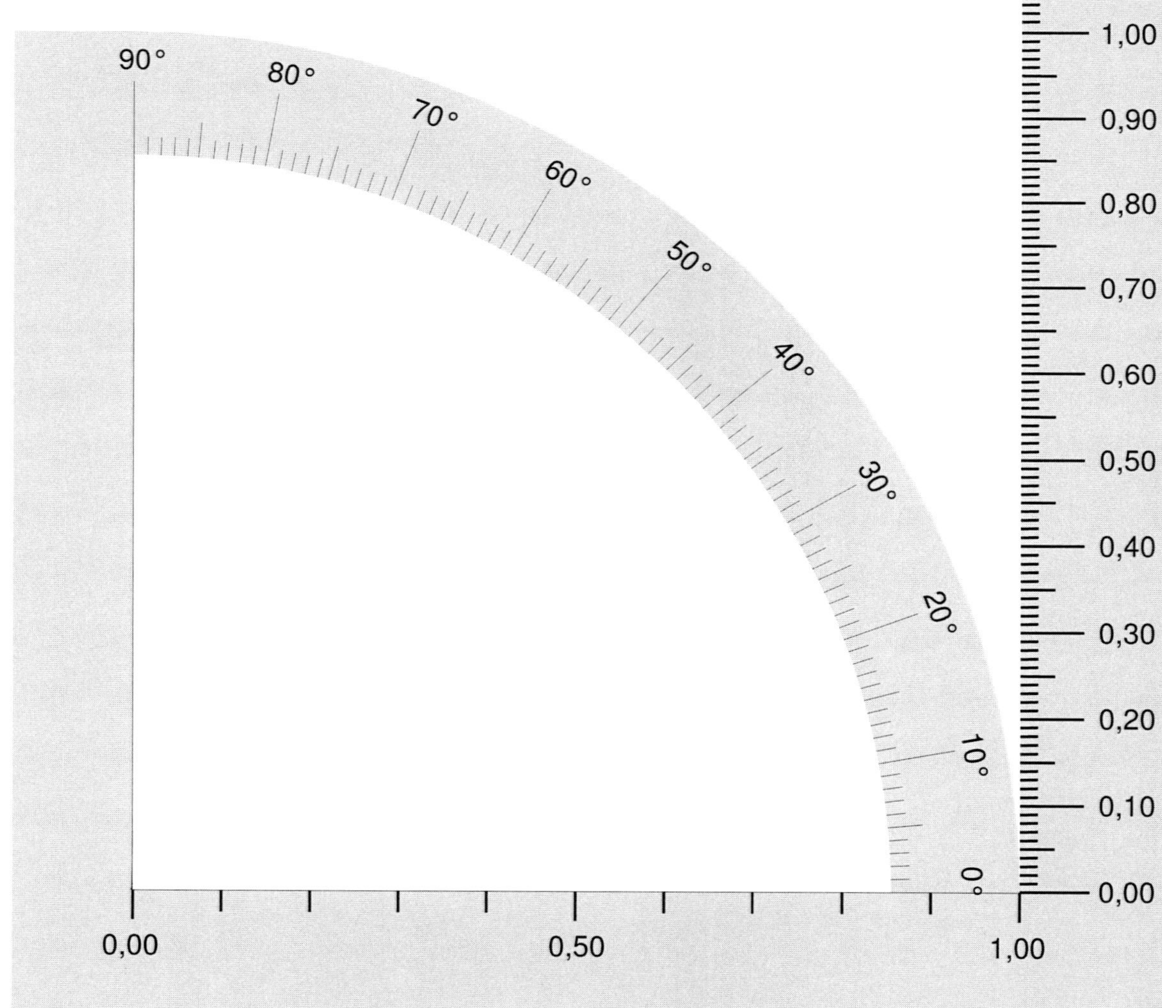

Sinus, Kosinus und Tangens
Basistraining zur Trigonometrie – Bestell-Nr. 11 073
KOHL VERLAG

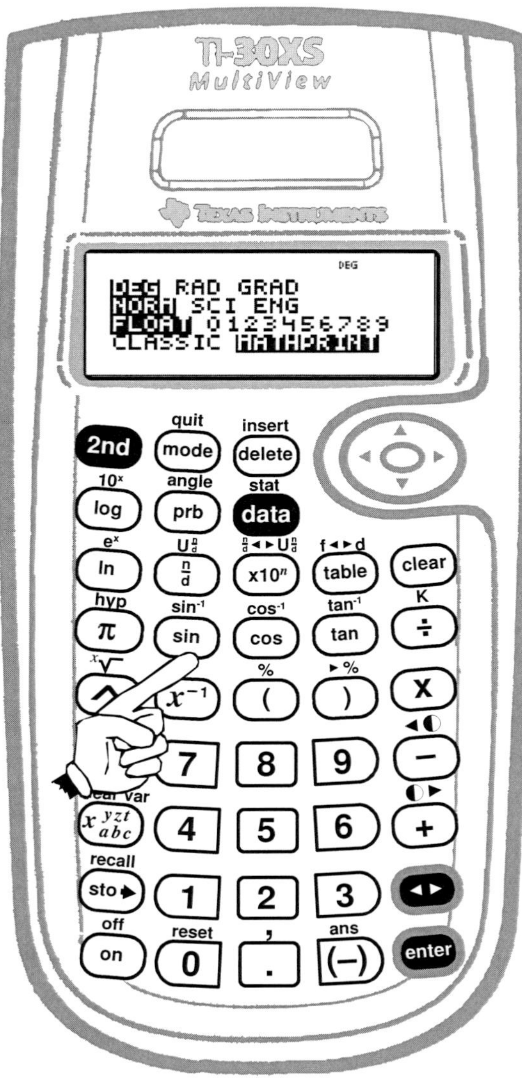

Mit freundlicher Genehmigung von Texas Instruments

Die zeichnerische Bestimmung von Funktionswerten ist auf Dauer langwierig und auch zu ungenau.
In früheren Jahren mussten Schülerinnen und Schüler die Werte aus Tabellen entnehmen. Heute geht das ganz schnell mit einem Taschenrechner, auf dem du diese Tasten findest:

sin cos tan

BEISPIEL 1

sin 3 2) enter

liefert dir den Sinus von 32° 0,529919264

cos 5 7) enter

liefert dir den Kosinus von 57° 0,544639035

tan 7 3) enter

liefert dir den Tangens von 73° 3,270852618

Wenn du wissen willst, welcher Winkel zu einem bestimmten Zahlenverhältnis gehört, dann helfen diese Tasten.

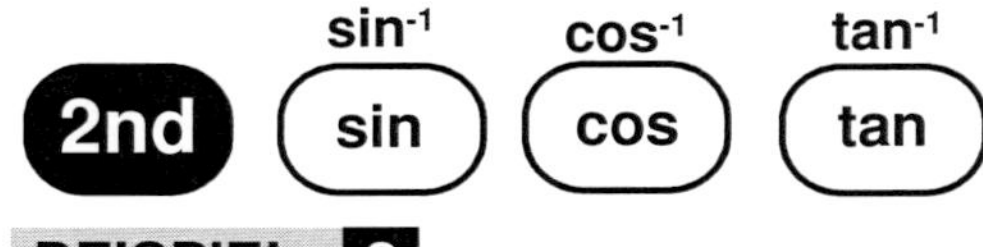

BEISPIEL 2

Bestimme den spitzen Winkel α.
$\sin\alpha = 0{,}4273$

liefert dir einen Winkel von 25,29633299°

Das klappt natürlich auch mit tan α und cos α.

AUFGABE 1

Bestimme mit dem Taschenrechner auf fünf Stellen nach dem Komma gerundet.

a) sin 53,4° b) cos 33,9° c) sin 63,4° d) tan 18,1°
e) sin 28,7° f) tan 89,4° g) cos 12,6° h) tan 11,1°

AUFGABE 2

Bestimme mit Hilfe des Taschenrechners den spitzen Winkel α.

a) $\sin\alpha = 0{,}1763$ b) $\cos\alpha = 0{,}5229$ c) $\tan\alpha = 6{,}2187$ d) $\tan\alpha = 0{,}3725$
e) $\sin\alpha = 0{,}3619$ f) $\tan\alpha = 1{,}1732$ g) $\cos\alpha = 0{,}1172$ h) $\cos\alpha = 0{,}7318$

AUFGABE 3

Überprüfe mit Hilfe des Taschenrechners die speziellen Werte in der Tabelle.

α	$\sin\alpha$	$\cos\alpha$	$\tan\alpha$
0°	0	1	0
30°	$\frac{1}{2}$	$\frac{1}{2}\sqrt{3}$	$\frac{1}{3}\sqrt{3}$
45°	$\frac{1}{2}\sqrt{2}$	$\frac{1}{2}\sqrt{2}$	1
60°	$\frac{1}{2}\sqrt{3}$	$\frac{1}{2}$	$\sqrt{3}$
90°	1	0	∞ *unendlich*

Sinus, Kosinus und Tangens
Basistraining zur Trigonometrie – Bestell-Nr. 11 073
KOHL VERLAG

Aufgabentypen

Die verschiedenen Funktionen (sin, cos, tan) ermöglichen es, in rechtwinkligen Dreiecken fehlende Seiten oder Winkel zu berechnen. Weil in einem rechtwinkligen Dreieck bereits der rechte Winkel vorgegeben ist, müssen zwei weitere Angaben vorliegen, um Berechnungen durchführen zu können, nämlich eine Seite und ein Winkel oder zwei Seiten.

BEISPIEL 1

In einem rechtwinkligen Dreieck ABC sind gegeben:
$\alpha = 90°$,
$\beta = 28°$,
$a = 5{,}8$ cm.

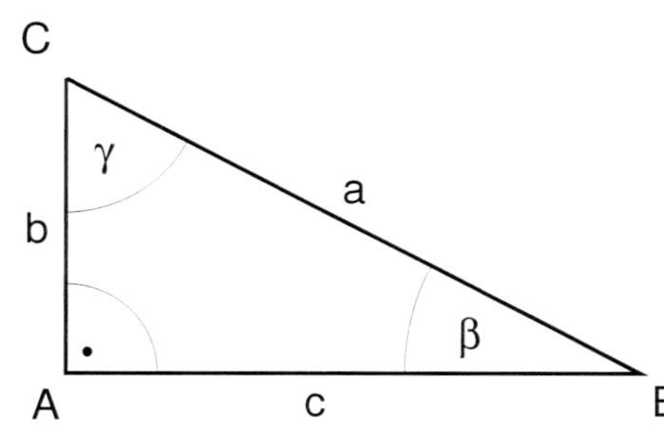

a *Zunächst kannst du ganz einfach den Winkel γ bestimmen.*

$\gamma = 90° - \beta$

$\gamma = 90° - 28°$

$\gamma = 62°$

b *Weil die Seite a in dem rechtwinkligen Dreieck die Hypotenuse ist, kommen zwei Funktionen in Frage: sin oder cos.*

$\cos\gamma = \frac{b}{a}$ | $\cos 62° = \frac{b}{5{,}8}$ | $b = 5{,}8 \cdot \cos 62°$ | $b \approx 2{,}72294$ [cm]

oder

$\sin\beta = \frac{b}{a}$ | $\sin 28° = \frac{b}{5{,}8}$ | $b = 5{,}8 \cdot \sin 28°$ | $b \approx 2{,}72294$ [cm]

c *Die Länge der Seite c lässt sich unter anderem auch mit dem Satz des Pythagoras ermitteln.*

$\cos\beta = \frac{c}{a}$ | $\cos 28° = \frac{c}{5{,}8}$ | $c = 5{,}8 \cdot \cos 28°$ | $c \approx 5{,}12110$ [cm]

oder

$\sin\gamma = \frac{c}{a}$ | $\sin 62° = \frac{c}{5{,}8}$ | $c = 5{,}8 \cdot \sin 62°$ | $c \approx 5{,}12110$ [cm]

oder

$c^2 = a^2 - b^2$ | $c^2 = 5{,}8^2 - 2{,}72294^2$ | $c^2 = 26{,}22559776$ | $c = \sqrt{26{,}22559776}$ | $c \approx 5{,}12109$ [cm]

BEISPIEL 2

In einem rechtwinkligen Dreieck ABC sind gegeben:
$a = 6{,}5$ cm, $\alpha = 90°$, $b = 4{,}5$ cm.

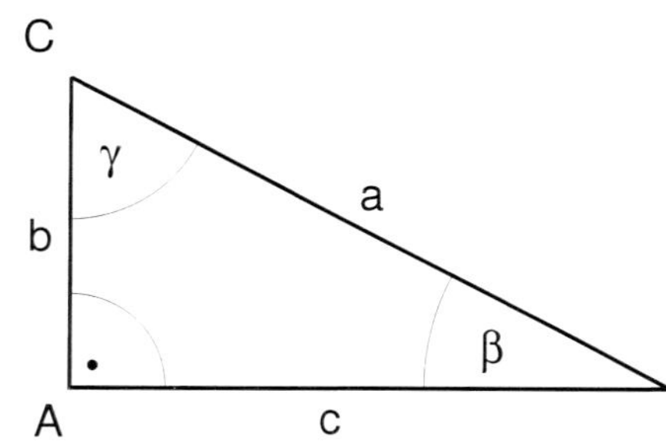

a *Zunächst berechnest du den Winkel γ oder β :*

$\sin\beta = \frac{b}{a}$ | $\sin\beta = \frac{4{,}5}{6{,}5}$ | $\sin\beta \approx 0{,}692307692$ | $\beta \approx 43{,}81306°$ | $\gamma = 90° - \beta$ | $\gamma \approx 90° - 43{,}81306°$ | $\gamma \approx 46{,}18694°$

oder

$\cos\gamma = \frac{b}{a}$ | $\cos\gamma = \frac{4{,}5}{6{,}5}$ | $\cos\gamma \approx 0{,}692307692$ | $\gamma \approx 46{,}18694°$ | $\beta = 90° - \gamma$ | $\beta \approx 90° - 46{,}18694°$ | $\beta \approx 43{,}81306°$

b *Die Länge der Seite c lässt sich unter anderem auch mit dem Satz des Pythagoras ermitteln.*

$\cos\beta = \frac{c}{a}$ | $c = a \cdot \cos\beta$ | $c = 6{,}5 \cdot \cos 43{,}81306°$ | $c \approx 4{,}69042$ [cm]

oder

$\sin\gamma = \frac{c}{a}$ | $c = a \cdot \sin\gamma$ | $c = 6{,}5 \cdot \sin 46{,}18694°$ | $c \approx 4{,}69042$ [cm]

oder

$c^2 = a^2 - b^2$ | $c^2 = 6{,}5^2 - 4{,}5^2$ | $c^2 = 22$ | $c = \sqrt{22}$ | $c \approx 4{,}69042$ [cm]

Du siehst, man kann nicht viel verkehrt machen. Viel Erfolg bei den folgenden Aufgaben!

Sinus, Kosinus und Tangens
Basistraining zur Trigonometrie – Bestell-Nr. 11 073
KOHL VERLAG

Formelsammlung

HINWEIS

Kathete b ist in Bezug auf den Winkel α **Ankathete**, aber **Gegenkathete** von Winkel β.

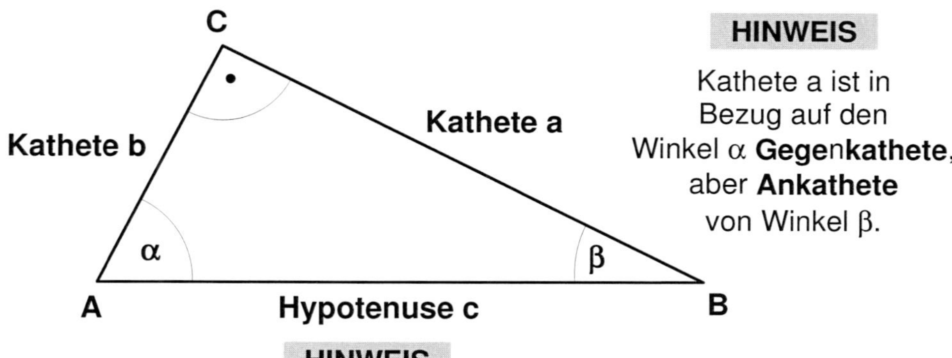

HINWEIS

Kathete a ist in Bezug auf den Winkel α **Gegenkathete**, aber **Ankathete** von Winkel β.

HINWEIS

Im rechtwinkligen Dreieck ist die Hypotenuse immer die längste Seite. Sie liegt dem rechten Winkel gegenüber.

> In jedem rechtwinkligen Dreieck ABC mit $\gamma = 90°$ hängen die drei Längenverhältnisse $\frac{a}{c}$, $\frac{b}{c}$ und $\frac{a}{b}$ allein vom Winkel α ab.

Das Längenverhältnis $\frac{a}{c}$ heißt der **Sinus** von Winkel α. Man schreibt: $\sin \alpha = \frac{a}{c}$.

Das Längenverhältnis $\frac{b}{c}$ heißt der **Kosinus** von Winkel α. Man schreibt: $\cos \alpha = \frac{b}{c}$.

Das Längenverhältnis $\frac{a}{b}$ heißt der **Tangens** von Winkel α. Man schreibt: $\tan \alpha = \frac{a}{b}$.

Ganz allgemein gilt in jedem rechtwinkligen Dreieck:

$$\textbf{Sinus} \text{ eines Winkels} = \frac{\text{Gegenkathete des Winkels}}{\text{Hypotenuse}}$$

$$\textbf{Kosinus} \text{ eines Winkels} = \frac{\text{Ankathete des Winkels}}{\text{Hypotenuse}}$$

$$\textbf{Tangens} \text{ eines Winkels} = \frac{\text{Gegenkathete des Winkels}}{\text{Ankathete des Winkels}}$$

BEISPIEL 1

Berechne die gesuchte Seitenlänge des Dreiecks ABC mit Hilfe des Sinus.

$\gamma = 90°$
$\alpha = 34°$
$c = 6$ cm
$a =$

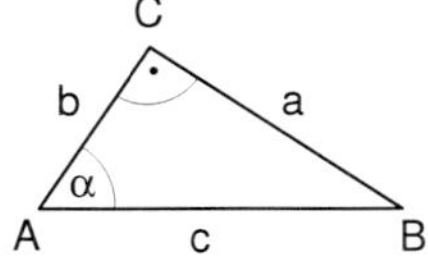

$$\sin \alpha = \frac{\text{Gegenkathete}}{\text{Hypotenuse}}$$

$$\sin \alpha = \frac{a}{c}$$

$$a = c \cdot \sin \alpha$$

$$a = 6 \cdot \sin 34°$$

$$\underline{\underline{a \approx 3{,}36 \text{ [cm]}}}$$

BEISPIEL 2

Berechne die gesuchte Seitenlänge des Dreiecks ABC mit Hilfe des Kosinus.

$\gamma = 90°$
$\alpha = 43{,}2°$
$c = 7{,}1$ cm
$b =$

$$\cos \alpha = \frac{\text{Ankathete}}{\text{Hypotenuse}}$$

$$\cos \alpha = \frac{b}{c}$$

$$b = c \cdot \cos \alpha$$

$$b = 7{,}1 \cdot \cos 43{,}2°$$

$$\underline{\underline{b \approx 5{,}18 \text{ [cm]}}}$$

BEISPIEL 3

Berechne die fehlende Kathete des Dreiecks ABC mit Hilfe des Tangens.

$\gamma = 90°$
$\alpha = 32°$
$b = 7$ cm
$a =$

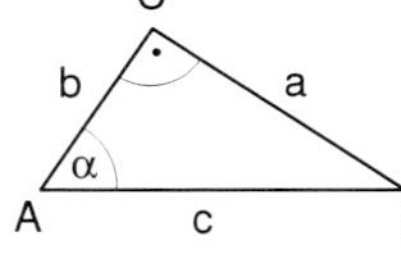

$$\tan \alpha = \frac{\text{Gegenkathete}}{\text{Ankathete}}$$

$$\tan \alpha = \frac{a}{b}$$

$$a = b \cdot \tan \alpha$$

$$a = 7 \cdot \tan 32°$$

$$\underline{\underline{a \approx 4{,}37 \text{ [cm]}}}$$

Sinus, Kosinus und Tangens
Basistraining zur Trigonometrie – Bestell-Nr. 11 073
KOHL VERLAG

Der schiefe Turm von Pisa hat eine Schieflage von 3,97° und ist 55,863 m hoch.
Um wie viel m ragt die Turmspitze über die Standfläche hinaus?

Aufgabe Nr. 1 Aufgabenkarten Trigonometrie

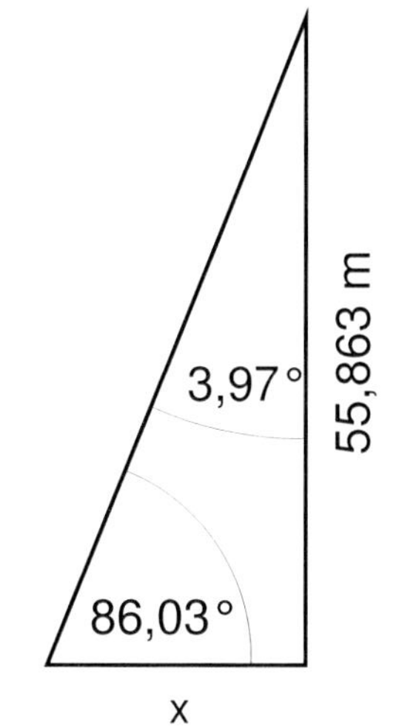

$$\tan \alpha = \frac{\text{Gegenkathete}}{\text{Ankathete}}$$

$$\tan \alpha = \frac{h}{x}$$

$$x = \frac{h}{\tan \alpha}$$

$$x = \frac{55{,}863}{\tan 86{,}03°}$$

$$x \approx 3{,}87693\ [\,\text{m}\,]$$

Die Spitze ragt 3,877 m über die Standfläche hinaus.

Lösung Nr. 1 Aufgabenkarten Trigonometrie

In einem Kreis mit dem Radius r = 3,2 cm wird eine Sehne eingezeichnet, die einen Mittelpunktswinkel α von 86° hat.
Wie lang ist die Sehne?

Aufgabe Nr. 2 Aufgabenkarten Trigonometrie

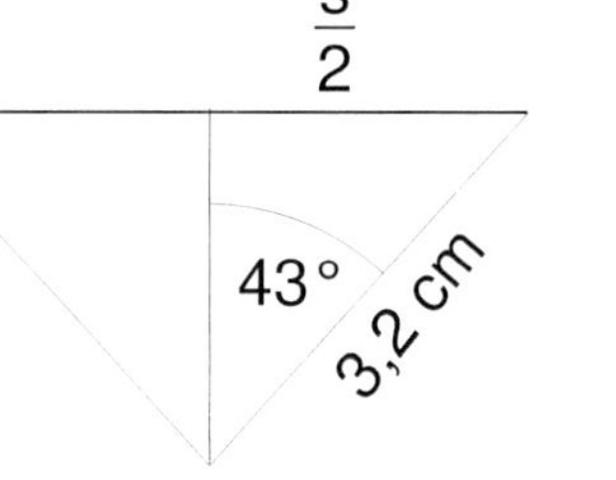

$$\sin \frac{\alpha}{2} = \frac{\text{Gegenkathete}}{\text{Hypotenuse}}$$

$$\sin \frac{\alpha}{2} = \frac{\frac{s}{2}}{3{,}2}$$

$$\frac{s}{2} = 3{,}2 \cdot \sin 43°$$

$$\frac{s}{2} \approx 2{,}18239\ [\,\text{cm}\,]$$

Die Sehne hat eine Länge von 4,36 cm.

Lösung Nr. 2 Aufgabenkarten Trigonometrie

Aufgabenkarten Trigonometrie

In Sing-Sing soll die ohnehin schon 6 m hohe Gefängnismauer durch Maschendraht noch höher gemacht werden. In die Mauer werden senkrecht Eisenstäbe eingelassen, die seitlich durch weitere Eisenstäbe stabilisiert werden.
Welchen Winkel bilden die beiden Stäbe mit der Mauer?
Wie hoch wird die Gefängnismauer dadurch?

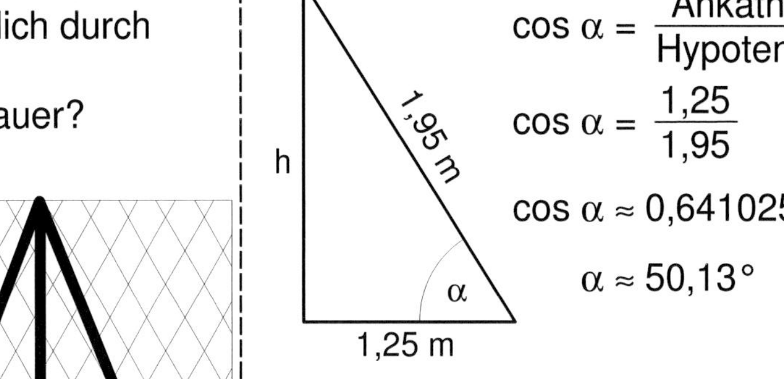

Aufgabe Nr. 3 Aufgabenkarten Trigonometrie

$$\cos\alpha = \frac{\text{Ankathete}}{\text{Hypotenuse}} \qquad \tan\alpha = \frac{\text{Gegenkathete}}{\text{Ankathete}}$$

$$\cos\alpha = \frac{1{,}25}{1{,}95} \qquad \tan\alpha = \frac{h}{1{,}25}$$

$$\cos\alpha \approx 0{,}641025641 \qquad h = 1{,}25 \cdot \tan 50{,}13°$$

$$\alpha \approx 50{,}13° \qquad h \approx 1{,}50\ [\,m\,]$$

Die beiden Stäbe bilden mit der Mauer einen Winkel von 50,13°.
Die Gefängnismauer wird dadurch 7,50 m hoch.

Lösung Nr. 3 Aufgabenkarten Trigonometrie

Ein regelmäßiges Achteck hat einen Umkreis mit dem Radius r = 24 cm.
Berechne den Umfang und den Flächeninhalt dieses Achtecks.

Aufgabe Nr. 4 Aufgabenkarten Trigonometrie

Ein regelmäßiges Achteck besteht aus acht gleichschenkligen Dreiecken. Der Winkel an der Spitze beträgt 45°.

$$\cos\alpha = \frac{\text{Ankathete}}{\text{Hypotenuse}}$$

$$\cos 22{,}5° = \frac{h}{24}$$

$$h = 24 \cdot \cos 22{,}5°$$

$$h \approx 22{,}17\ [\,cm\,]$$

$$\sin\alpha = \frac{\text{Gegenkathete}}{\text{Hypotenuse}}$$

$$\sin 22{,}5° = \frac{x}{24}$$

$$x = 24 \cdot \sin 22{,}5°$$

$$x \approx 9{,}18\ [\,cm\,]$$

$$u = 16 \cdot x$$

$$u = 16 \cdot 9{,}18$$

$$u = 146{,}95\ [\,cm\,]$$

$$A = 9{,}18 \cdot 22{,}17 \cdot 8$$

$$A = 1628{,}16\ [\,cm^2\,]$$

Lösung Nr. 4 Aufgabenkarten Trigonometrie

Von einen Hochhaus wird ein Ballon, der einen Durchmesser von d = 20 m hat, unter einem Sehwinkel $\alpha = 0{,}4°$ gesichtet. Wie weit ist der Ballon vom Beobachter entfernt (e)?

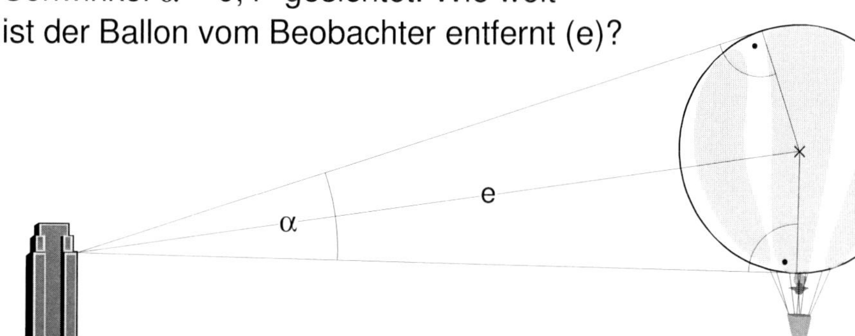

Aufgabe Nr. 5 Aufgabenkarten Trigonometrie

0,2°
e
10 m

$$\sin\frac{\alpha}{2} = \frac{\text{Gegenkathete}}{\text{Hypotenuse}}$$

$$\sin 0{,}2° = \frac{10}{e}$$

$$e = \frac{10}{\sin 0{,}2°}$$

$$e \approx 2864{,}795\ [\,m\,]$$

Der Mittelpunkt des Ballons ist 2864,8 m vom Beobachter entfernt.

Lösung Nr. 5 Aufgabenkarten Trigonometrie

Das »Space Shuttle« braucht im Gleitflug zum Landen aus 30 m Höhe eine Bodenstrecke von 3250 m. Berechne den Gleitwinkel α des Shuttles.

α

Aufgabe Nr. 6 Aufgabenkarten Trigonometrie

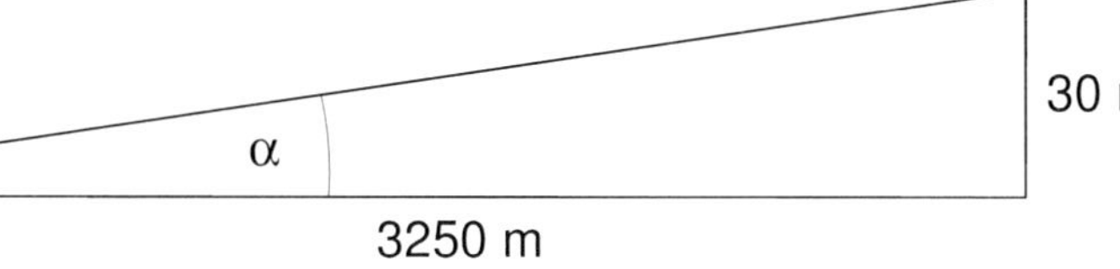

$$\tan\alpha = \frac{\text{Gegenkathete}}{\text{Ankathete}}$$

$$\tan\alpha = \frac{30}{3250}$$

$$\tan\alpha \approx 0{,}009230769$$

$$\alpha \approx 0{,}52887°$$

Der Gleitwinkel beträgt 0,53°.

Lösung Nr. 6 Aufgabenkarten Trigonometrie

Von einem Segelschiff aus erscheint die Spitze eines Leuchtturms, die 36 m über dem Meeresspiegel liegt, unter einem Winkel von 3,56°. Wie weit ist das Schiff vom Leuchtturm entfernt?

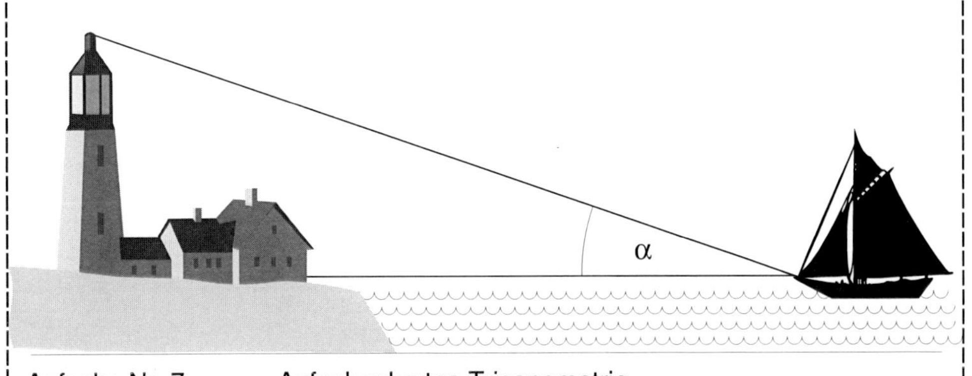

Aufgabe Nr. 7 Aufgabenkarten Trigonometrie

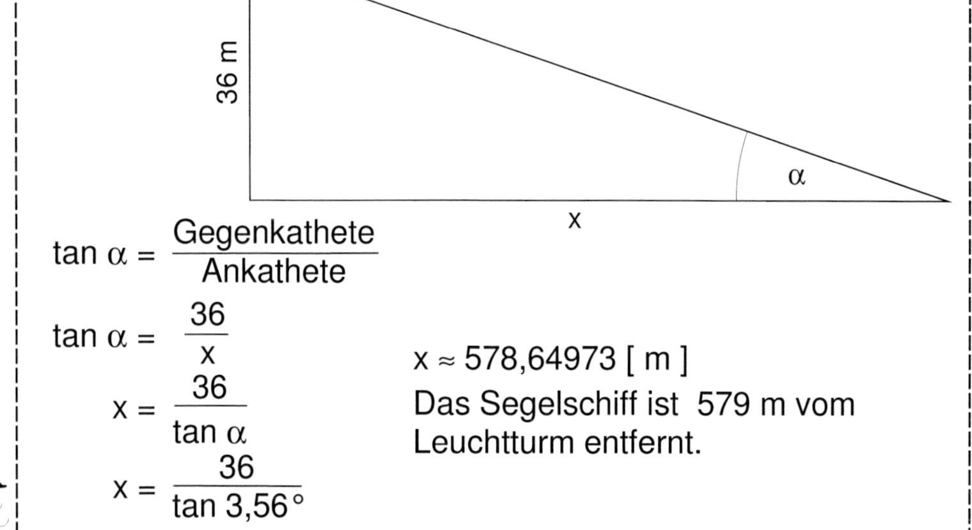

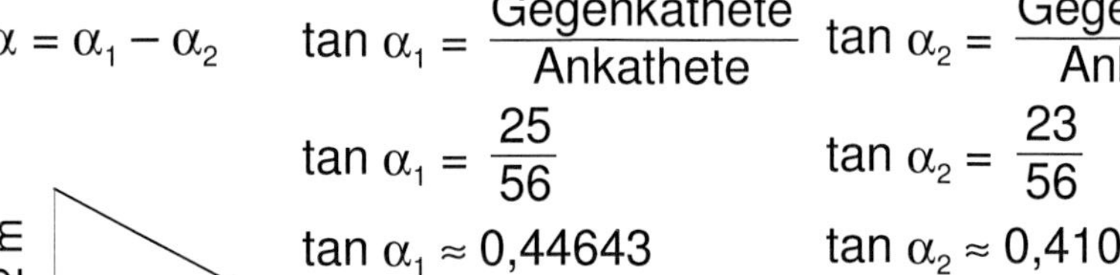

$$\tan \alpha = \frac{\text{Gegenkathete}}{\text{Ankathete}}$$

$$\tan \alpha = \frac{36}{x}$$

$$x = \frac{36}{\tan \alpha}$$

$$x = \frac{36}{\tan 3{,}56°}$$

$x \approx 578{,}64973$ [m]

Das Segelschiff ist 579 m vom Leuchtturm entfernt.

Lösung Nr. 7 Aufgabenkarten Trigonometrie

Auf einem 23 m hohen Turm steht eine 2 m hohe Fahnenstange. Unter welchem Sehwinkel α wird die Stange von einem Punkt aus gesehen, der sich 56 m - waagerecht - vom Fuße des Turmes entfernt befindet?

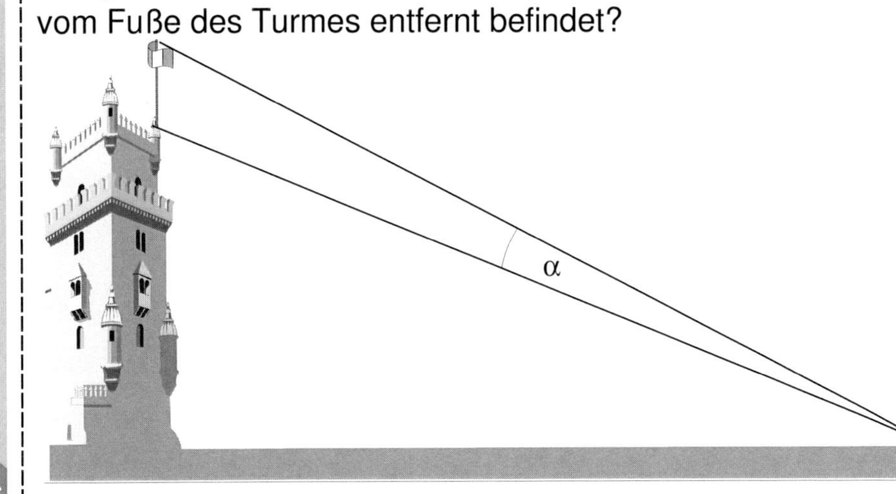

Aufgabe Nr. 8 Aufgabenkarten Trigonometrie

$\alpha = \alpha_1 - \alpha_2$

$$\tan \alpha_1 = \frac{\text{Gegenkathete}}{\text{Ankathete}} \qquad \tan \alpha_2 = \frac{\text{Gegenkathete}}{\text{Ankathete}}$$

$$\tan \alpha_1 = \frac{25}{56} \qquad \tan \alpha_2 = \frac{23}{56}$$

$$\tan \alpha_1 \approx 0{,}44643 \qquad \tan \alpha_2 \approx 0{,}41071$$

$$\alpha_1 \approx 24{,}06° \qquad \alpha_2 \approx 22{,}33°$$

$$\alpha = \alpha_1 - \alpha_2$$

$$\alpha \approx 1{,}73°$$

2 m
23 m
56
α, α_1, α_2

Lösung Nr. 8 AufgabenkartenTrigonometrie

Gib den angegebenen Sinus, Kosinus oder Tangens als Seitenverhältnis an.

a)

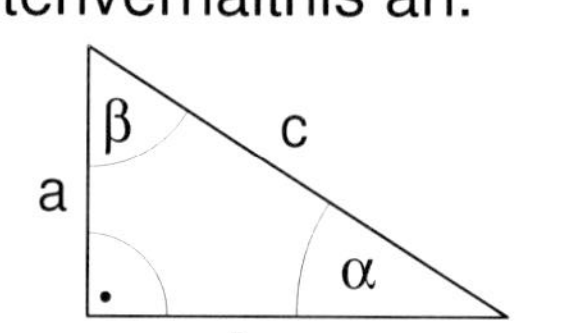
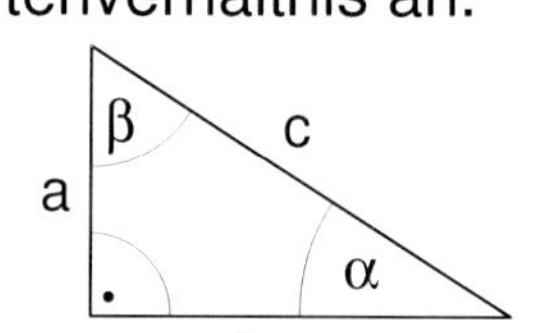
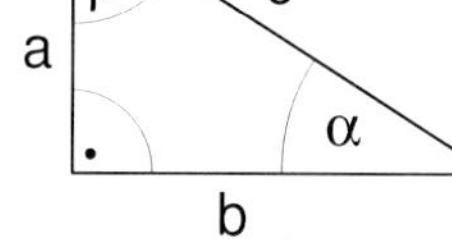

$\sin \alpha = \frac{\quad}{\quad}$

$\cos \beta = \frac{\quad}{\quad}$

$\tan \beta = \frac{\quad}{\quad}$

$\tan \alpha = \frac{\quad}{\quad}$

b)

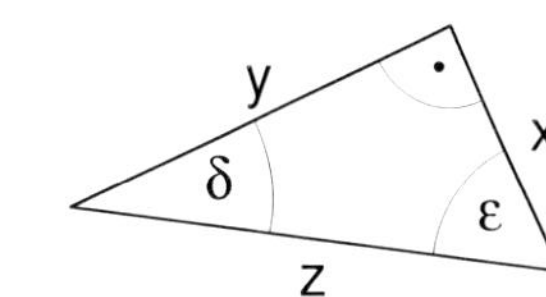

$\sin \delta = \frac{\quad}{\quad}$

$\cos \delta = \frac{\quad}{\quad}$

$\sin \varepsilon = \frac{\quad}{\quad}$

$\tan \varepsilon = \frac{\quad}{\quad}$

Aufgabe Nr. 9 Aufgabenkarten Trigonometrie

---

a)

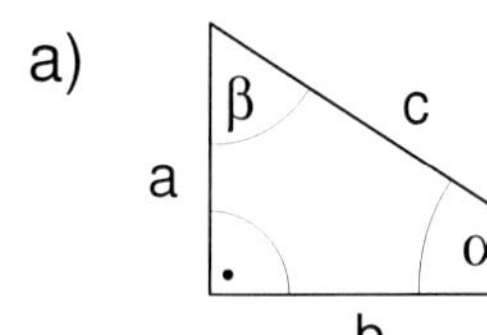

$\sin \alpha = \frac{a}{c}$

$\cos \beta = \frac{a}{c}$

$\tan \beta = \frac{b}{a}$

$\tan \alpha = \frac{a}{b}$

b)

$\sin \delta = \frac{x}{z}$

$\cos \delta = \frac{y}{z}$

$\sin \varepsilon = \frac{y}{z}$

$\tan \varepsilon = \frac{y}{x}$

Lösung Nr. 9 Aufgabenkarten Trigonometrie

Drücke jeweils die angegebenen Seitenverhältnisse durch Sinus, Kosinus oder Tangens aus.

a)

$\frac{a}{c} =$

$\frac{b}{c} =$

$\frac{a}{b} =$

b)

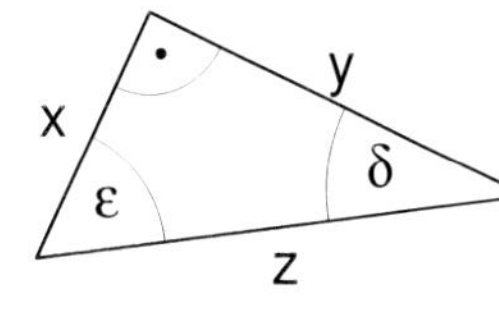

$\frac{x}{y} =$

$\frac{y}{z} =$

$\frac{x}{z} =$

$\frac{y}{x} =$

Aufgabe Nr. 10 Aufgabenkarten Trigonometrie

---

a)

$\frac{a}{c} = \sin \alpha$

$\frac{b}{c} = \cos \alpha$

$\frac{a}{b} = \tan \alpha$

b)

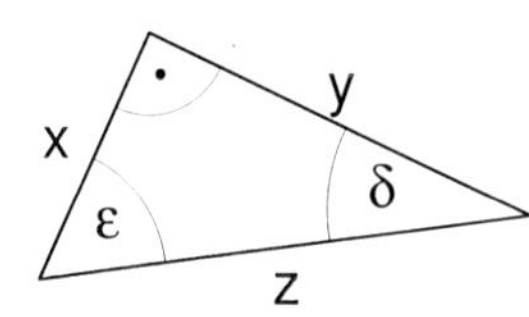

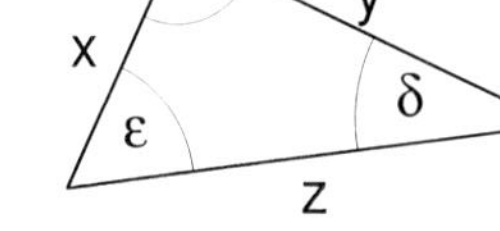
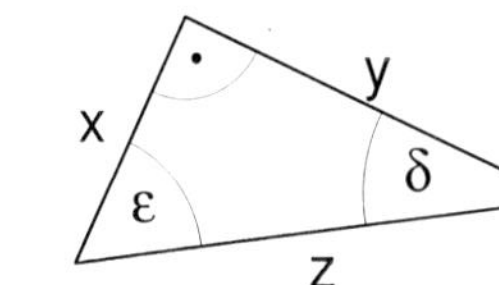

$\frac{x}{y} = \tan \delta$

$\frac{y}{z} = \sin \varepsilon$

$\frac{x}{z} = \cos \varepsilon$

$\frac{y}{x} = \tan \varepsilon$

Lösung Nr. 10 Aufgabenkarten Trigonometrie

Welchen Winkel bildet die Raumdiagonale f des Würfels mit der Flächendiagonalen e?

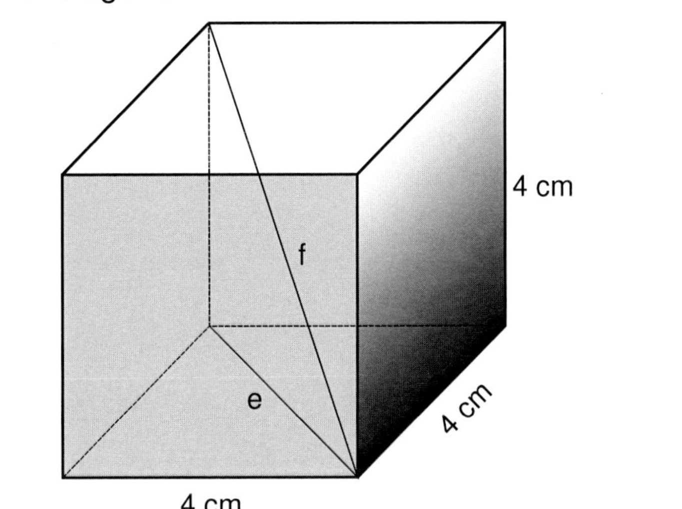

Aufgabe Nr. 11 Aufgabenkarten Trigonometrie

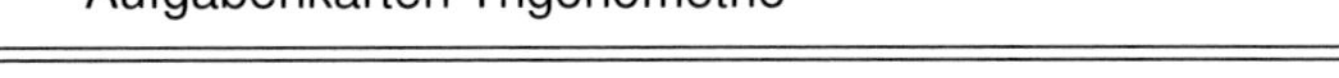

Raumdiagonale $f_{Würfel} = a \cdot \sqrt{3}$

Flächendiagonale $e_{Würfel} = a \cdot \sqrt{2}$

4 cm, f, e, α

$$\sin\alpha = \frac{\text{Gegenkathete}}{\text{Hypotenuse}} \qquad \cos\alpha = \frac{\text{Ankathete}}{\text{Hypotenuse}}$$

$$\sin\alpha = \frac{a}{f} \qquad \cos\alpha = \frac{e}{f}$$

$$\sin\alpha = \frac{4}{4 \cdot \sqrt{3}} \qquad \cos\alpha = \frac{4 \cdot \sqrt{2}}{4 \cdot \sqrt{3}}$$

$$\sin\alpha \approx 0{,}57735 \qquad \cos\alpha \approx 0{,}81650$$

$$\alpha \approx 35{,}26° \qquad \alpha \approx 35{,}26°$$

$$\tan\alpha = \frac{4}{4 \cdot \sqrt{2}} \qquad \tan\alpha \approx 0{,}70711 \qquad \alpha \approx 35{,}26°$$

Lösung Nr. 11 Aufgabenkarten Trigonometrie

Berechne die Größe

a) des Winkels α,

b) des Winkels β

in einem Quader mit den Maßen a = 4 cm, b = 2 cm und c = 3 cm.

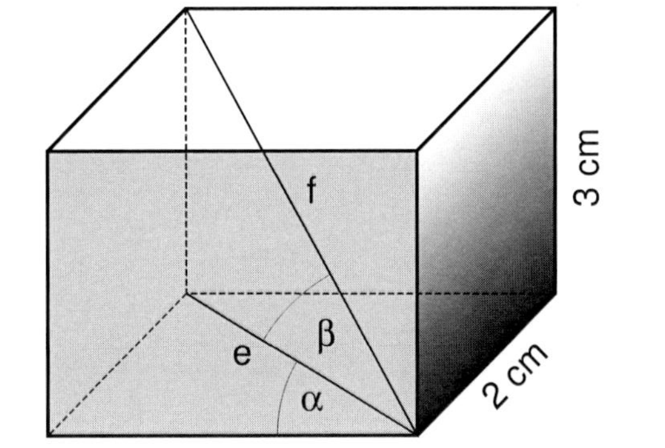
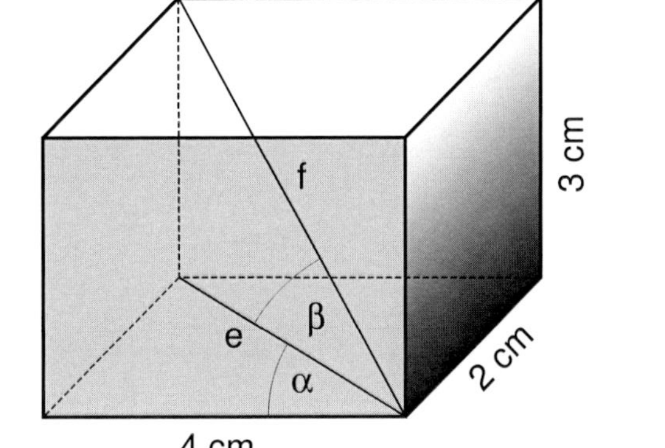

Aufgabe Nr. 12 Aufgabenkarten Trigonometrie

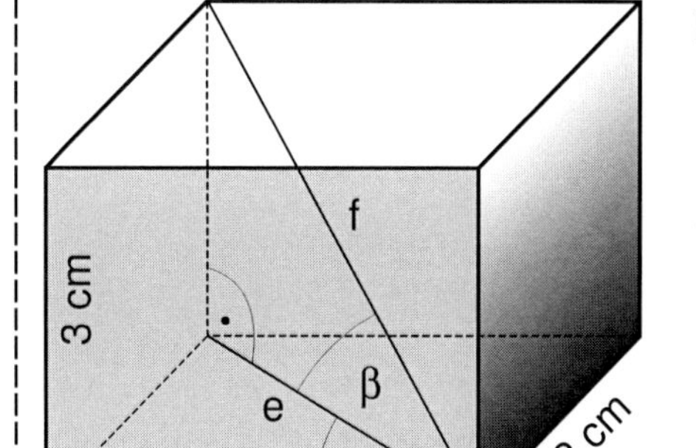

Raumdiagonale $f_{Quader} = \sqrt{a^2 + b^2 + c^2}$

Flächendiagonale $e_{Quader} = \sqrt{a^2 + b^2}$

a) $\sin\alpha = \frac{\text{Gegenkathete}}{\text{Hypotenuse}}$

$\sin\alpha = \frac{b}{e}$

$\sin\alpha = \frac{2}{\sqrt{4^2 + 2^2}}$

$\sin\alpha \approx 0{,}44721$

$\alpha \approx 26{,}56°$

b) $\sin\beta = \frac{c}{f}$

$\sin\beta = \frac{3}{\sqrt{4^2 + 2^2 + 3^2}}$

$\sin\beta \approx 0{,}55709$

$\beta \approx 33{,}85°$

Lösung Nr. 12 Aufgabenkarten Trigonometrie

Vom Rande des mit Wasser gefüllten Burggrabens erblickt man den 25 m hohen Burgturm unter einem Winkel von 11,5°. Wie breit ist an dieser Stelle der Graben?

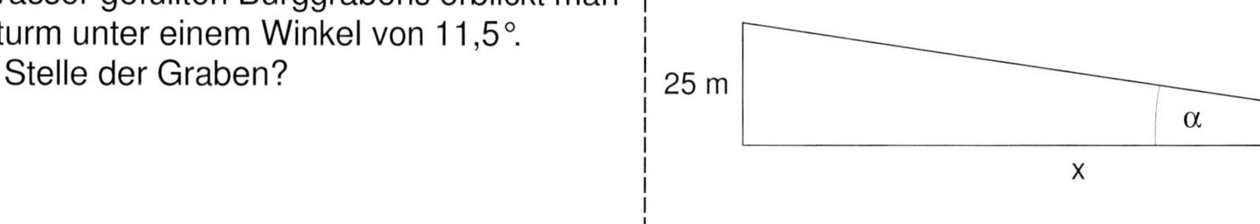

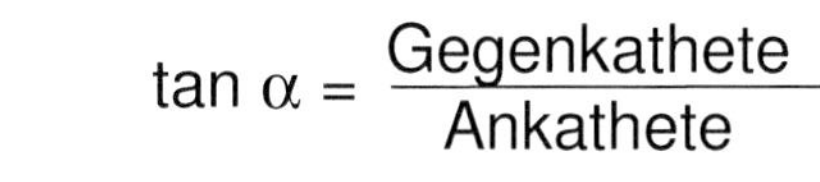

Aufgabe Nr. 13 Aufgabenkarten Trigonometrie

$$\tan \alpha = \frac{\text{Gegenkathete}}{\text{Ankathete}}$$

$$\tan 11{,}5° = \frac{25}{x}$$

$$x = \frac{25}{\tan 11{,}5°}$$

$$x \approx 122{,}88 \text{ [m]}$$

Der Graben ist an dieser Stelle 122,9 m breit.

Lösung Nr. 13 Aufgabenkarten Trigonometrie

Eine geradlinig ansteigende Straße hat eine Steigung von 12 %. Wie groß ist der Winkel, mit dem die Straße ansteigt bzw. abfällt?

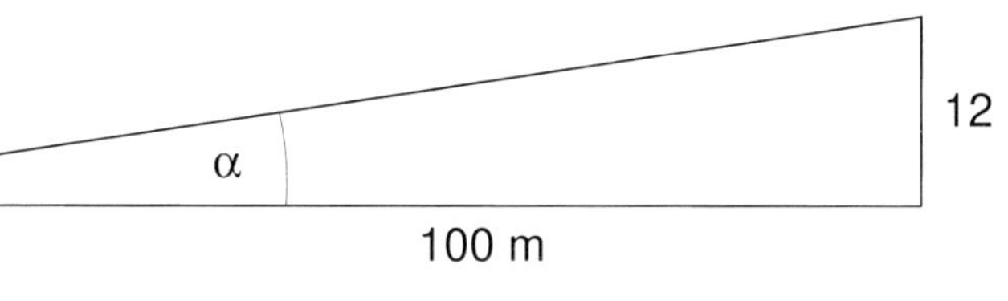

Aufgabe Nr. 14 Aufgabenkarten Trigonometrie

$$\tan \alpha = \frac{\text{Gegenkathete}}{\text{Ankathete}}$$

$$\tan \alpha = \frac{12}{100}$$

$$\tan \alpha = 0{,}12$$

$$\alpha \approx 6{,}84277°$$

Der Winkel beträgt 6,84°.

Lösung Nr. 14 Aufgabenkarten Trigonometrie

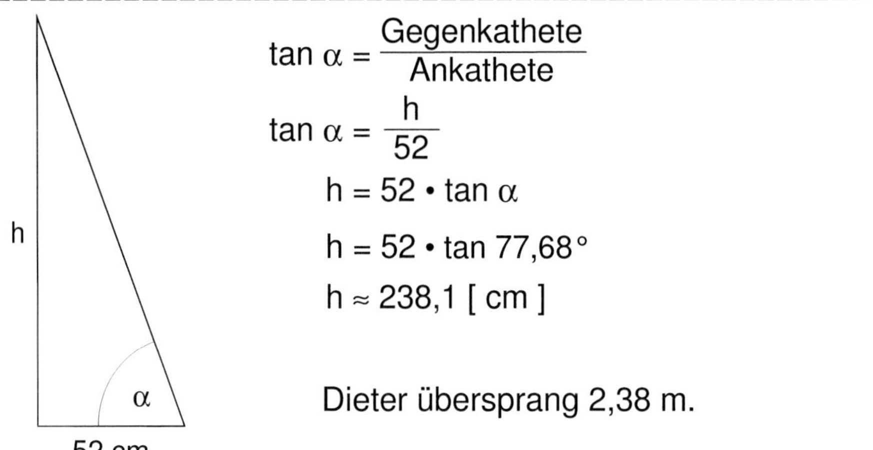

Bei einem Sportfest erzielt Dieter Bögenmurg neuen Rekord im Hochsprung. Im Fosbury-Flop hechtete er über die Latte, wobei er in einem Winkel α von 77,68° absprang. Wie hoch lag die Latte für Dieter, wenn sein letzter Fußabdruck 52 cm von der Anlage entfernt war?

Aufgabe Nr. 15 Aufgabenkarten Trigonometrie

h, α, 52 cm

$$\tan\alpha = \frac{\text{Gegenkathete}}{\text{Ankathete}}$$

$$\tan\alpha = \frac{h}{52}$$

$$h = 52 \cdot \tan\alpha$$

$$h = 52 \cdot \tan 77{,}68°$$

$$h \approx 238{,}1\ [\,cm\,]$$

Dieter übersprang 2,38 m.

Lösung Nr. 15 Aufgabenkarten Trigonometrie

45 m, α, 120 m

Taucher Ede will einen 120 m breiten Fluss senkrecht zur Flussrichtung überqueren. Durch die Strömung wird er aber um 45 m abgetrieben.

a) Unter welchem Winkel α wird er abgetrieben?

b) Wie lang ist sein Tauchweg?

Aufgabe Nr. 16 Aufgabenkarten Trigonometrie

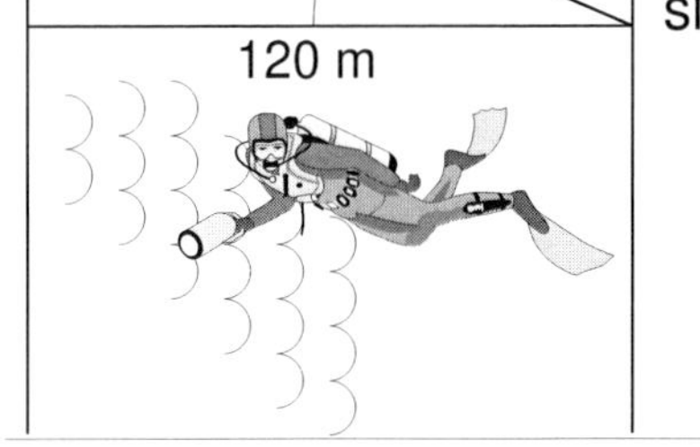

$$\tan\alpha = \frac{\text{Gegenkathete}}{\text{Ankathete}}$$

$$\tan\alpha = \frac{45}{120}$$

$$\tan\alpha = 0{,}375$$

$$\alpha \approx 20{,}56°$$

$$\sin\alpha = \frac{\text{Gegenkathete}}{\text{Hypotenuse}}$$

$$\sin\alpha = \frac{45}{l}$$

$$l = \frac{45}{\sin\alpha}$$

$$l = \frac{45}{\sin 20{,}56°}$$

$$l \approx 128{,}14\ [\,m\,]$$

Der Winkel beträgt 20,56°; der Tauchweg ist 128,14 m lang.

Lösung Nr. 16 AufgabenkartenTrigonometrie

KOHL VERLAG Sinus, Kosinus und Tangens Basistraining zur Trigonometrie – Bestell-Nr. 11 073

Eine Seilbahn überwindet auf einer Länge von 100 m eine Höhe von 32,5 m. Bestimme den Steigungswinkel. Wie viele Meter Höhe gewinnt die Seilbahn auf 362 m horizontaler Strecke?

32,5 m

100 m

Aufgabe Nr. 17 Aufgabenkarten Trigonometrie

α

100 m

32,5 m

$$\tan \alpha = \frac{\text{Gegenkathete}}{\text{Ankathete}}$$

$$\tan \alpha = \frac{32{,}5}{100}$$

$$\tan \alpha = 0{,}325$$

$$\alpha \approx 18{,}00416°$$

Der Steigungswinkel beträgt 18°.

Wenn die Seilbahn 32,5 m Höhe gewinnt, wenn sie horizontal 100 m zurückgelegt hat, dann gewinnt sie bei 362 m horizontaler Strecke 117,65 m an Höhe (3,62 • 32,5).

Lösung Nr. 17 Aufgabenkarten Trigonometrie

Der Radius eines Brückenbogens beträgt 15 m bei einer Pfeilhöhe h von 3 m. Wie lang ist der Bogen?

Pfeilhöhe h

r

Spannweite s

Aufgabe Nr. 18 Aufgabenkarten Trigonometrie

$\frac{b}{2}$

3 m

12 m

15 m

$\frac{\alpha}{2}$

$$\cos \frac{\alpha}{2} = \frac{\text{Ankathete}}{\text{Hypotenuse}}$$

$$\cos \frac{\alpha}{2} = \frac{12}{15}$$

$$\cos \frac{\alpha}{2} = 0{,}8$$

$$\frac{\alpha}{2} \approx 36{,}9°$$

$$\alpha \approx 73{,}8°$$

Berechnung der Länge des Bogens b.

$$b = \frac{2 \cdot r \cdot \pi \cdot \alpha}{360°}$$

$$b = \frac{2 \cdot 15 \cdot \pi \cdot 73{,}8°}{360°}$$

$$b \approx 19{,}32\ [\,m\,]$$

Lösung Nr. 18 Aufgabenkarten Trigonometrie

Die berühmte Cheopspyramide in Ägypten wurde aus einer Entfernung s = 100 m unter dem Höhenwinkel α = 53,87° angepeilt. Wie hoch ist die Pyramide?

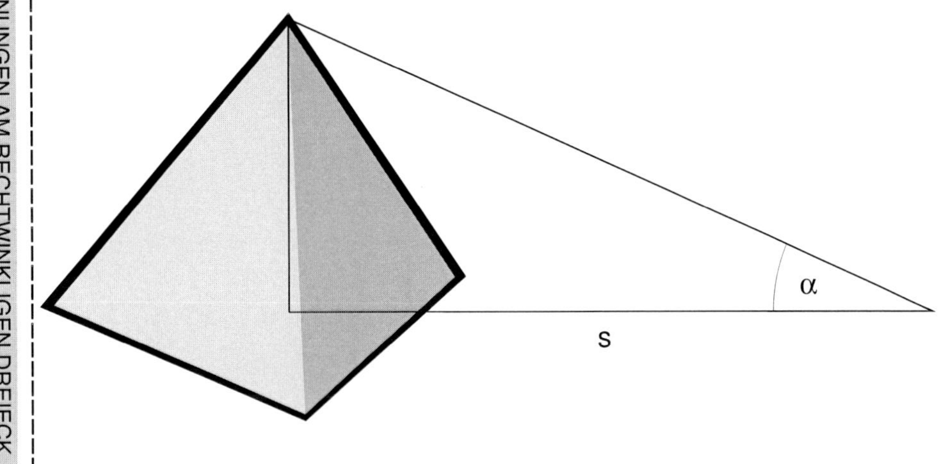

Aufgabe Nr. 19 Aufgabenkarten Trigonometrie

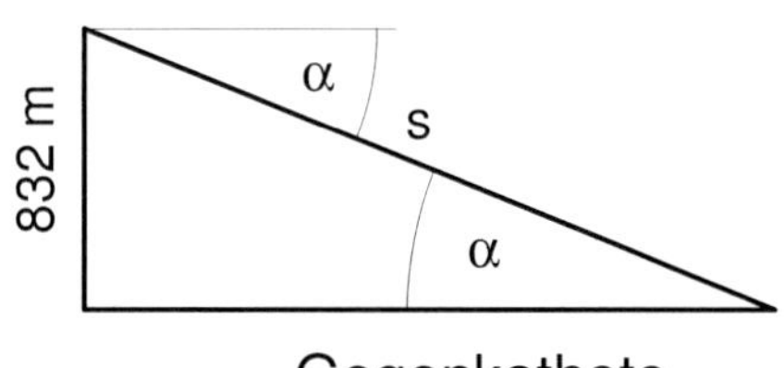

$$\tan \alpha = \frac{\text{Gegenkathete}}{\text{Ankathete}}$$

$$\tan \alpha = \frac{h}{100}$$

$$h = 100 \cdot \tan 53{,}87°$$

$$h \approx 136{,}98\ [\,m\,]$$

Die Pyramide ist 137 Meter hoch.

Lösung Nr. 19 Aufgabenkarten Trigonometrie

Die Piste, die Rudi Sausewind schnurgerade - ohne nach links oder rechts ausweichen zu müssen - herunterbretterte, hatte einen Neigungswinkel von 32,4°. Der Höhenunterschied zwischen Start- und Zielpunkt betrug 832 m. Wie groß war die Strecke, die Rudi zurücklegte?

Aufgabe Nr. 20 Aufgabenkarten Trigonometrie

832 m α s α

$$\sin \alpha = \frac{\text{Gegenkathete}}{\text{Hypotenuse}}$$

$$\sin \alpha = \frac{832}{s}$$

$$s = \frac{832}{\sin \alpha}$$

$$s = \frac{832}{\sin 32{,}4°}$$

$$s \approx 1552{,}74\ [\,m\,]$$

Rudi legte eine Strecke von 1553 Meter zurück.

Lösung Nr. 20 Aufgabenkarten Trigonometrie

KOHL VERLAG Sinus, Kosinus und Tangens
Basistraining zur Trigonometrie – Bestell-Nr. 11 073

Berechne die Länge der Seiten a und b des Dreiecks. Miß zur Vorsicht nach. Die Zeichnung ist maßstabsgetreu.

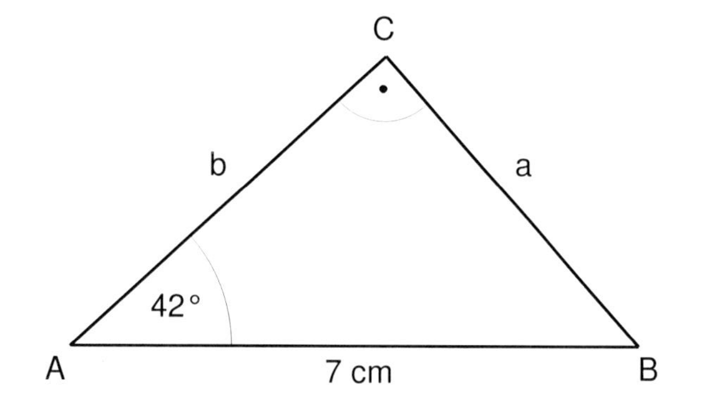

Aufgabe Nr. 21 Aufgabenkarten Trigonometrie

C b a 42° A 7 cm B

$$\sin\alpha = \frac{\text{Gegenkathete}}{\text{Hypotenuse}}$$

$$\sin\alpha = \frac{a}{7}$$

$$a = 7 \cdot \sin\alpha$$

$$a = 7 \cdot \sin 42°$$

$$a \approx 4{,}68\ [\text{ cm }]$$

$$\cos\alpha = \frac{\text{Ankathete}}{\text{Hypotenuse}}$$

$$\cos\alpha = \frac{b}{7}$$

$$b = 7 \cdot \cos\alpha$$

$$b = 7 \cdot \cos 42°$$

$$b \approx 5{,}20\ [\text{ cm }]$$

Lösung Nr. 21 Aufgabenkarten Trigonometrie

Berechne die Länge der Seiten c und a des Dreiecks. Miß zur Vorsicht nach. Die Zeichnung ist maßstabsgetreu.

A 41° c 6 cm B a C

Aufgabe Nr. 22 Aufgabenkarten Trigonometrie

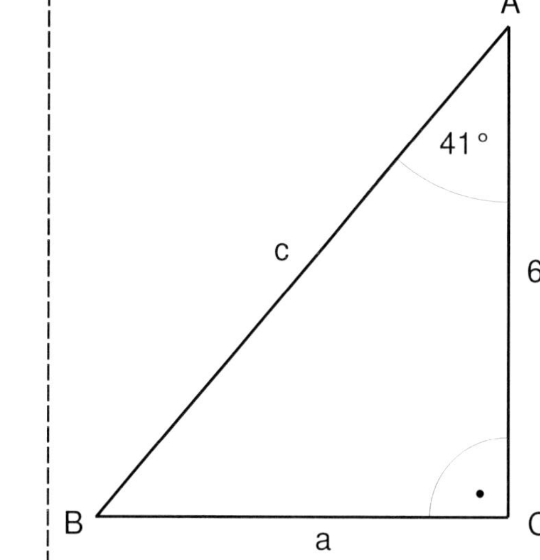

$$\tan\alpha = \frac{\text{Gegenkathete}}{\text{Ankathete}}$$

$$\tan\alpha = \frac{a}{6}$$

$$a = 6 \cdot \tan\alpha$$

$$a = 6 \cdot \tan 41°$$

$$a \approx 5{,}22\ [\text{ cm }]$$

$$\cos\alpha = \frac{\text{Ankathete}}{\text{Hypotenuse}}$$

$$\cos\alpha = \frac{6}{c}$$

$$c = \frac{6}{\cos 41°}$$

$$c \approx 7{,}95\ [\text{ cm }]$$

Lösung Nr. 22 Aufgabenkarten Trigonometrie

Bestimme die Größe des Winkels α bzw. β im Rechteck. Die Zeichnung ist maßstabsgetreu und du kannst mit dem Geodreieck nachmessen, ob du richtig gerechnet hast.

β
5 m
α
7,50 m

Aufgabe Nr. 23 Aufgabenkarten Trigonometrie

$\tan\alpha = \frac{\text{Gegenkathete}}{\text{Ankathete}}$

$\tan\alpha = \frac{5}{7{,}50}$

$\tan\alpha = 0{,}666666667$

$\alpha \approx 33{,}69°$

$\beta = 90° - \alpha$

$\beta = 90° - 33{,}69°$

$\beta = 56{,}31°$

$\tan\beta = \frac{\text{Gegenkathete}}{\text{Ankathete}}$

$\tan\beta = \frac{7{,}50}{5}$

$\tan\beta = 1{,}5$

$\beta \approx 56{,}31°$

$\alpha = 90° - \beta$

$\alpha = 90° - 56{,}31°$

$\alpha = 33{,}69°$

Lösung Nr. 23 Aufgabenkarten Trigonometrie

Bestimme die Größe des Winkels α bzw. β im gleichschenkligen Trapez. Die Zeichnung ist maßstabsgetreu und du kannst mit dem Geodreieck nachmessen, ob du richtig gerechnet hast.

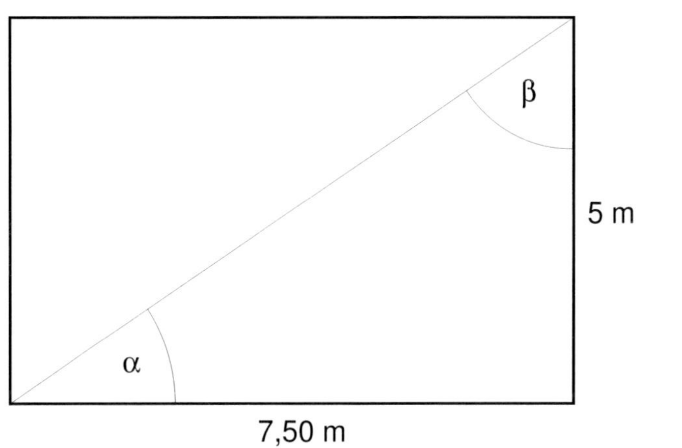

Aufgabe Nr. 24 Aufgabenkarten Trigonometrie

4,20 cm
β
5 cm
α
x
8,60 cm

$x = \frac{8{,}60 - 4{,}20}{2}$

$x = 2{,}2\ [\text{cm}]$

$\cos\alpha = \frac{\text{Ankathete}}{\text{Hypotenuse}}$

$\cos\alpha = \frac{2{,}2}{5}$

$\cos\alpha = 0{,}44$

$\alpha \approx 63{,}90°$

$\beta = 180° - 63{,}90°$

$\beta = 116{,}1°$

Lösung Nr. 24 Aufgabenkarten Trigonometrie

Die Giebelhöhe eines Hauses beträgt 4,10 m, die Dachneigung 35°. Berechne die Länge der Dachsparren und die Breite des Hauses.

Aufgabe Nr. 25 Aufgabenkarten Trigonometrie

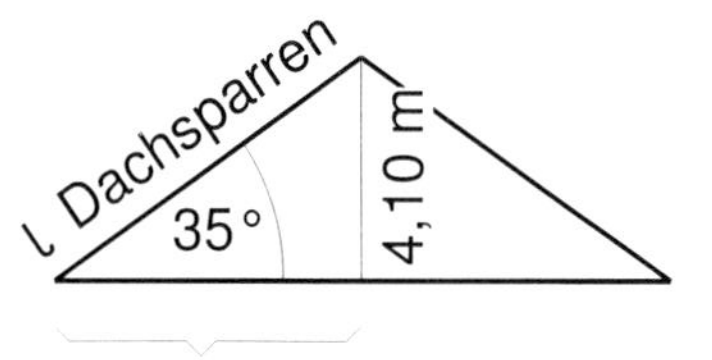

$$\sin \alpha = \frac{\text{Gegenkathete}}{\text{Hypotenuse}}$$

$$\sin 35° = \frac{4{,}10}{l}$$

$$l = \frac{4{,}10}{\sin 35°}$$

$$l \approx 7{,}15\ [\,m\,]$$

$$\tan \alpha = \frac{\text{Gegenkathete}}{\text{Ankathete}}$$

$$\tan 35° = \frac{4{,}10}{x}$$

$$x = \frac{4{,}10}{\tan 35°}$$

$$x \approx 5{,}855\ [\,m\,]$$

Das Haus ist 11,71 m breit.

Die Dachsparren sind 7,15 m lang.

Lösung Nr. 25 Aufgabenkarten Trigonometrie

Der Steigungswinkel einer geradlinig verlaufenden Straße beträgt 7,4°. Welche Prozentangabe muss das Straßenschild aufweisen?

Aufgabe Nr. 26 Aufgabenkarten Trigonometrie

Man muss ermitteln, um wie viel m die Straße auf einer horizontalen Länge von 100 m ansteigt.

$$\tan \alpha = \frac{\text{Gegenkathete}}{\text{Ankathete}}$$

$$\tan 7{,}4° = \frac{x}{100}$$

$$x = 100 \cdot \tan 7{,}4°$$

$$x \approx 12{,}9877\ [\,m\,]$$

Das Straßenschild muss so aussehen:

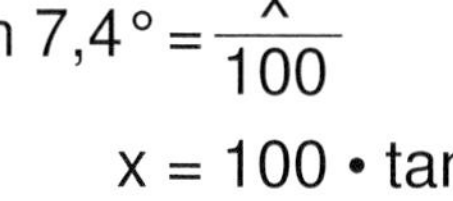

Lösung Nr. 26 Aufgabenkarten Trigonometrie

Unter der geographischen Breite eines Ortes versteht man den Winkel ϕ (phi), den der Erdradius r = 6370 km vom Mittelpunkt der Erde aus zur Äquatorebene mit diesem Ort bildet.
Köln und Gotha z. B. liegen beide auf der geographischen Breite $\phi = 50{,}93°$.
Wie weit liegen die beiden Orte luftlinienmäßig auseinander, wenn Köln die geograhische Länge von 6,96° und Gotha die von 10,716° hat.

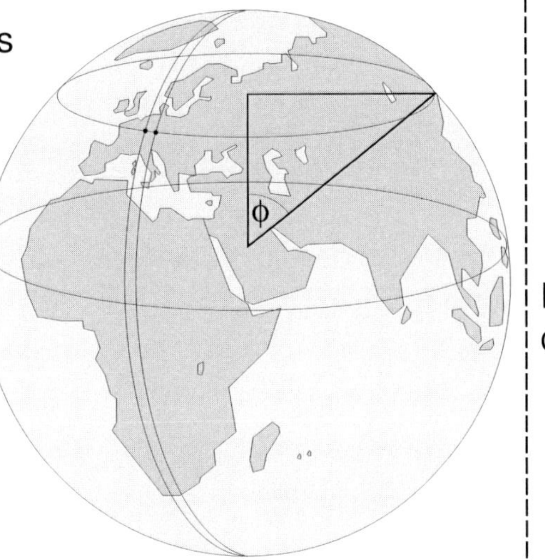

Aufgabe Nr. 27 Aufgabenkarten Trigonometrie

r₁ = ...

Du berechnest zuerst den Radius r_1 des Breitenkreises:

$$\sin \phi = \frac{\text{Gegenkathete}}{\text{Hypotenuse}}$$

$$\sin \phi = \frac{r_1}{6370}$$

$$r_1 = 6370 \cdot \sin 50{,}93°$$

$$r_1 \approx 4945{,}518 \text{ [km]}$$

Du berechnest Umfang dieses Breitenkreises:

$$u_1 = 2 \cdot 4945{,}518 \cdot \pi$$

$$u_1 \approx 31073{,}606 \text{ [km]}$$

Du berechnest die Entfernung zwischen Gotha und Köln:

$$b_1 = \frac{u_1 \cdot (10{,}716° - 6{,}96°)}{360°}$$

$$b_1 \approx 324{,}201 \text{ [km]}$$

Gotha und Köln sind luftlinienmäßig 324 km voneinander entfernt.

Lösung Nr. 27 Aufgabenkarten Trigonometrie

Ein Deich auf einer ostfriesischen Insel ist 6,20 m hoch und an der Deichkrone 2,50 m breit. An der Seeseite hat er eine Neigung von 27°, an der Binnenseite eine Neigung von 41°. Wie breit ist die Deichsohle?

Krone
Höhe
Seeseite
Deichsohle

Aufgabe Nr. 28 Aufgabenkarten Trigonometrie

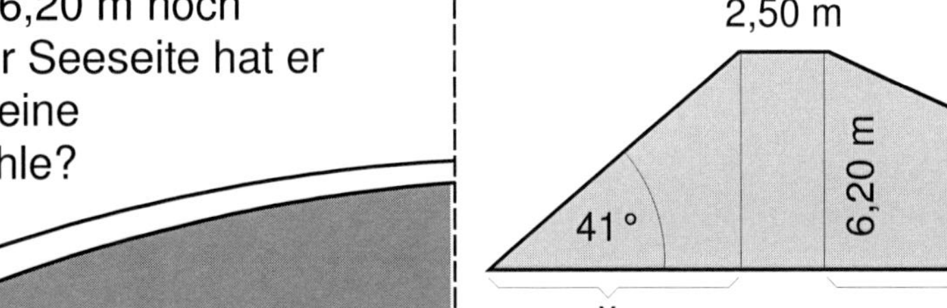

$$\tan 41° = \frac{6{,}20}{x}$$

$$x = \frac{6{,}20}{\tan 41°}$$

$$x \approx 7{,}13 \text{ [m]}$$

$$\tan 27° = \frac{6{,}20}{y}$$

$$y = \frac{6{,}20}{\tan 27°}$$

$$y \approx 12{,}17 \text{ [m]}$$

Deichsohle = x + 2,50 + y
Deichsohle = 7,13 + 2,50 + 12,17
Deichsohle = 21,8 [m]

Die Deichsohle beträgt ungefähr 22 Meter.

Lösung Nr. 28 Aufgabenkarten Trigonometrie

Sinus, Kosinus und Tangens
Basistraining zur Trigonometrie – Bestell-Nr. 11 073

Christina hält ihren Drachen an einer 30 m langen Schnur. Wie hoch steht der Drachen über dem Erdboden? Christina ist ungefähr 1,50 m groß.

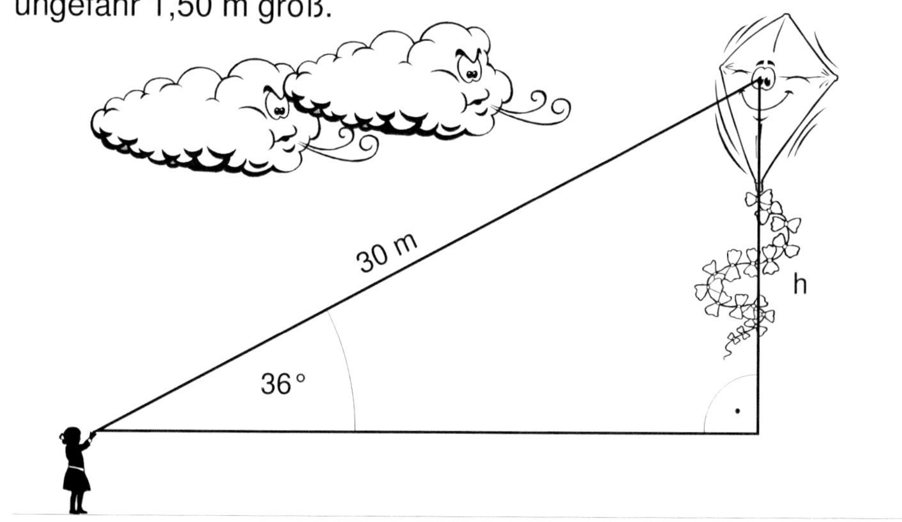

Aufgabe Nr. 29 Aufgabenkarten Trigonometrie

30 m
h
36°

$$\sin \alpha = \frac{\text{Gegenkathete}}{\text{Hypotenuse}}$$

$$\sin 36° = \frac{h}{30}$$

$$h = 30 \cdot \sin 36°$$

$$h \approx 17{,}63 \, [\,m\,]$$

Der Drachen steht 19,13 m hoch.

Lösung Nr. 29 Aufgabenkarten Trigonometrie

Der Artist Evil Knivel will mit seinem Motorrad auf einem Seil zur 15 m hohen Plattform eines Turmes fahren. Wie lang muss das Drahtseil mindestens sein?

s
15 m
22,5°

Aufgabe Nr. 30 Aufgabenkarten Trigonometrie

s
15 m
22,5°

$$\sin \alpha = \frac{\text{Gegenkathete}}{\text{Hypotenuse}}$$

$$\sin 22{,}5° = \frac{15}{s}$$

$$s = \frac{15}{\sin 22{,}5°}$$

$$s \approx 39{,}197 \, [\,m\,]$$

Das Drahtseil muss mindestens 39,2 m lang sein.

Lösung Nr. 30 Aufgabenkarten Trigonometrie

Aufgabenkarten Trigonometrie

Berechne die Höhe und den Flächeninhalt des Parallelogramms. Die Zeichnung ist maßstabsgetreu und du kannst nachmessen, ob du richtig gerechnet hast.

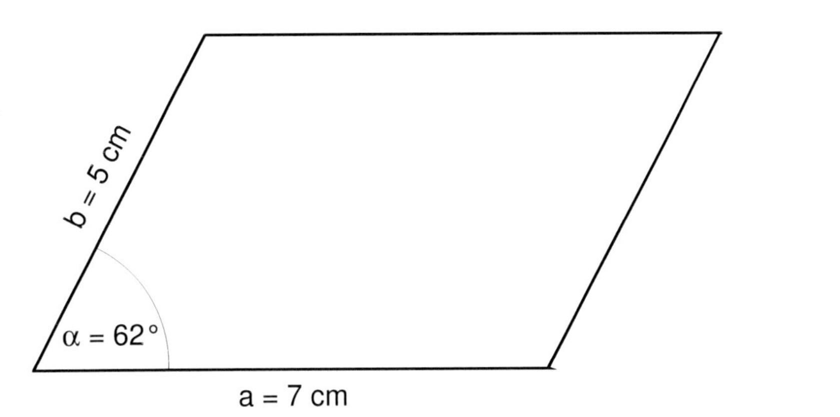

Aufgabe Nr. 31 — Aufgabenkarten Trigonometrie

$\sin \alpha = \frac{\text{Gegenkathete}}{\text{Hypotenuse}}$

$\sin \alpha = \frac{h}{5}$

$h = 5 \cdot \sin 62°$

$h \approx 4{,}414737964$ [cm]

Die Höhe des Parallelogramms beträgt 4,4 cm.

$A = 7 \cdot 4{,}4$

$A = 30{,}8$ [cm²]

Der Flächeninhalt des Parallelogramms beträgt 30,8 cm².

Lösung Nr. 31 — Aufgabenkarten Trigonometrie

Ein Hubschrauber fliegt in 600 m Höhe auf eine Kirche zu, die er unter einem Tiefenwinkel von $\alpha = 38°$ sieht. 30 Sekunden später befindet er sich genau über diesem Turm.
Mit welcher Geschwindigkeit ist der Hubschrauber unterwegs?

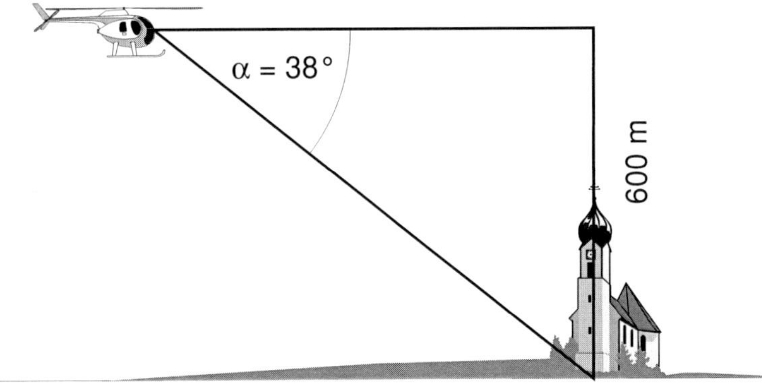

Aufgabe Nr. 32 — Aufgabenkarten Trigonometrie

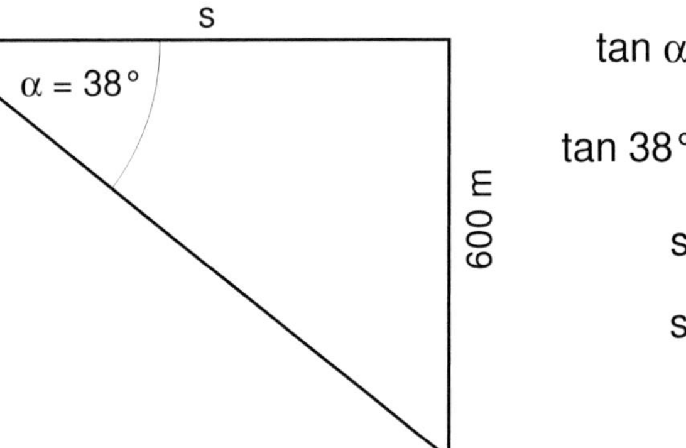

$\tan \alpha = \frac{\text{Gegenkathete}}{\text{Ankathete}}$

$\tan 38° = \frac{600}{s}$

$s = \frac{600}{\tan 38°}$

$s \approx 767{,}96498$ [m]

Der Hubschrauber hat in 30 Sekunden einen Weg von 768 m zurückgelegt. In einer Minute sind das 1,536 km.
In einer Stunde sind das 92,16 km.

Der Hubschrauber fliegt mit $92{,}2\ \frac{km}{h}$.

Lösung Nr. 32 — Aufgabenkarten Trigonometrie

Wie hoch ist ein Kegel, dessen Seitenkante s 12,4 cm lang ist und mit der Grundfläche einen Winkel von 68° bildet? Berechne auch den Durchmesser der unteren Kreisfläche.

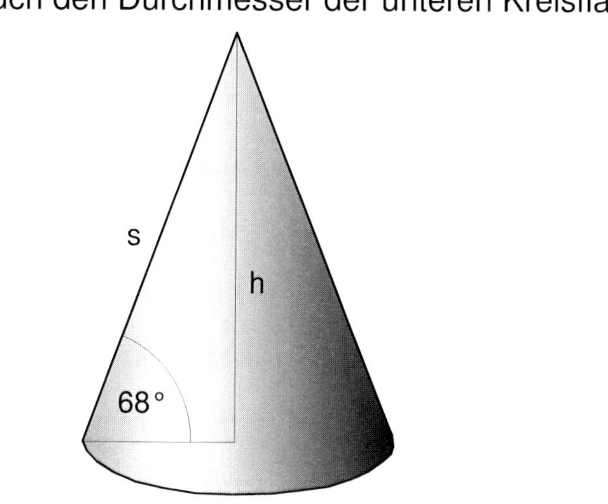

Aufgabe Nr. 33 Aufgabenkarten Trigonometrie

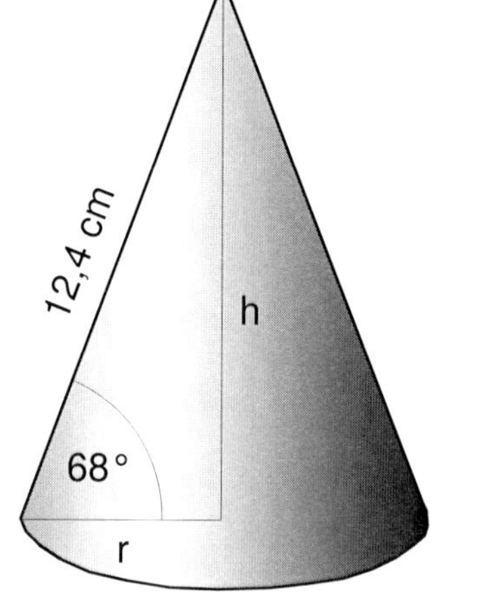

$$\sin \alpha = \frac{\text{Gegenkathete}}{\text{Hypotenuse}}$$

$$\sin 68° = \frac{h}{12{,}4}$$

$$h = 12{,}4 \cdot \sin 68°$$

$$h \approx 11{,}5 \text{ [cm]}$$

$$\cos \alpha = \frac{\text{Ankathete}}{\text{Hypotenuse}}$$

$$\cos 68° = \frac{r}{12{,}4}$$

$$r = 12{,}4 \cdot \cos 68°$$

$$r \approx 4{,}65 \text{ [cm]}$$

Der Kegel ist 11,5 cm hoch mit einem Durchmesser von 9,3 cm.

Lösung Nr. 33 Aufgabenkarten Trigonometrie

Eine Tanne wirft bei einem Sonnenstand von 29° einen Schatten von 14,30 m. Förster Hardy B. Trüger möchte wissen, wie hoch die Tanne ist.

29°

Aufgabe Nr. 34 Aufgabenkarten Trigonometrie

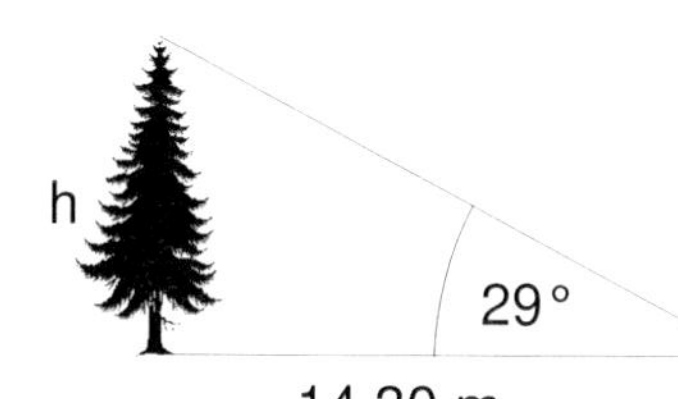

$$\tan \alpha = \frac{\text{Gegenkathete}}{\text{Ankathete}}$$

$$\tan 29° = \frac{h}{14{,}30}$$

$$h = 14{,}30 \cdot \tan 29°$$

$$h \approx 7{,}92662 \text{ [m]}$$

Die Tanne ist 7,93 m hoch.

Lösung Nr. 34 Aufgabenkarten Trigonometrie

Aufgabenkarten Trigonometrie

Berechne die Winkel α und β sowie die Länge der Seite a einer Raute mit e = 8 cm und f = 4,8 cm. Die Zeichnung ist maßstabsgetreu und du kannst nachmessen, ob du richtig gerechnet hast.

Aufgabe Nr. 35 Aufgabenkarten Trigonometrie

$$\tan\frac{\alpha}{2} = \frac{\text{Gegenkathete}}{\text{Ankathete}}$$

$$\tan\frac{\alpha}{2} = \frac{2{,}4}{4}$$

$$\tan\frac{\alpha}{2} = 0{,}6$$

$$\frac{\alpha}{2} \approx 30{,}96376°$$

$$\alpha \approx 61{,}93°$$

$$\beta = 180° - \alpha$$

$$\beta \approx 118{,}07°$$

$$\sin\frac{\alpha}{2} = \frac{\text{Gegenkathete}}{\text{Hypotenuse}}$$

$$\sin 30{,}96376° = \frac{2{,}4}{a} \qquad a = \frac{2{,}4}{\sin 30{,}96376°} \qquad a \approx 4{,}66\ [\text{cm}]$$

Lösung Nr. 35 Aufgabenkarten Trigonometrie

In der Fliegersprache gibt es den Begriff des Gleitverhältnisses. Ein Gleitverhältnis 1 : 20 gibt a, dass man horizontal 20 m weit fliegt und dabei 1 m an Höhe verliert. Ein Drachenflieger hatte bei einem Flug ein Gleitverhältnis von 1 : 14. Berechne den Gleitwinkel α.

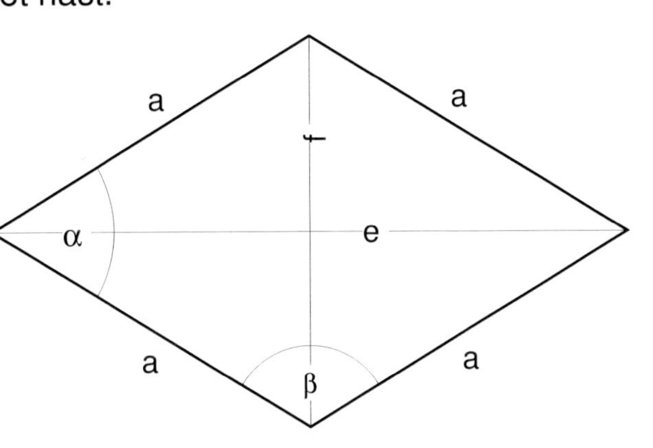

Aufgabe Nr. 36 Aufgabenkarten Trigonometrie

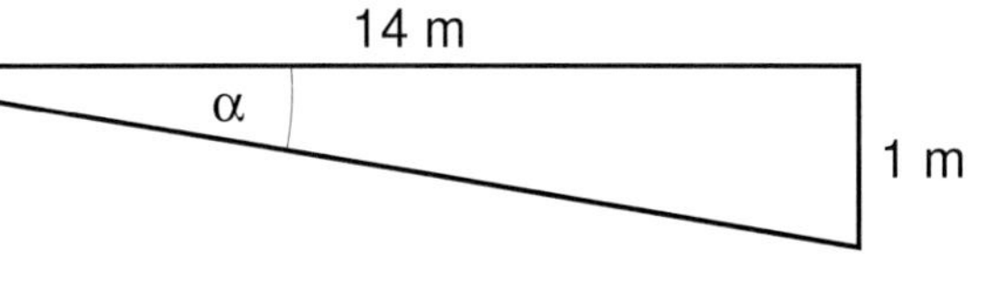

$$\tan\alpha = \frac{\text{Gegenkathete}}{\text{Ankathete}}$$

$$\tan\alpha = \frac{1}{14}$$

$$\tan\alpha \approx 0{,}07143$$

$$\alpha \approx 4{,}08562°$$

Der Gleitwinkel beträgt 4,1°.

Lösung Nr. 36 Aufgabenkarten Trigonometrie

KOHL VERLAG Sinus, Kosinus und Tangens Basistraining zur Trigonometrie – Bestell-Nr. 11 073

Ein Segelflugzeug setzt aus 240 m Höhe zur Landung an. Der Gleitwinkel beträgt 3,6°. Welche Bodenstrecke wird dabei überflogen?

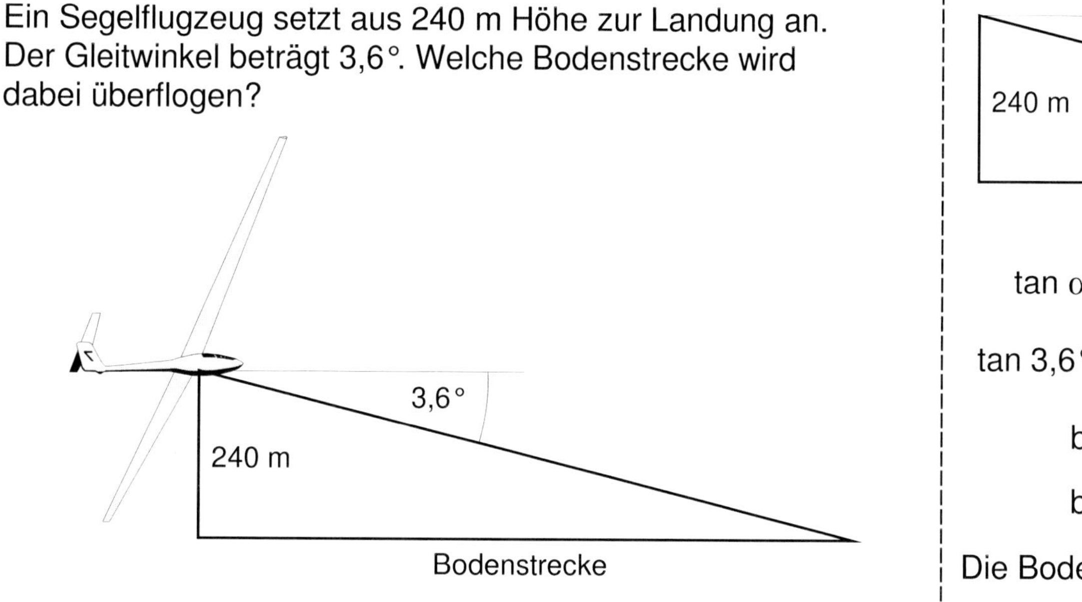

Aufgabe Nr. 37 Aufgabenkarten Trigonometrie

3,6°
240 m
3,6°
b

$$\tan \alpha = \frac{\text{Gegenkathete}}{\text{Ankathete}}$$

$$\tan 3{,}6° = \frac{240}{b}$$

$$b = \frac{240}{\tan 3{,}6°}$$

$$b \approx 3861{,}69076$$

Die Bodenstrecke ist 3861,7 m lang.

Lösung Nr. 37 Aufgabenkarten Trigonometrie

Ein Motorsegler setzt aus 30 m Höhe zur Landung an und überfliegt dabei eine Bodenstrecke von 1250 m. Wie groß ist der Gleitwinkel?

30 m
1250 m

Aufgabe Nr. 38 Aufgabenkarten Trigonometrie

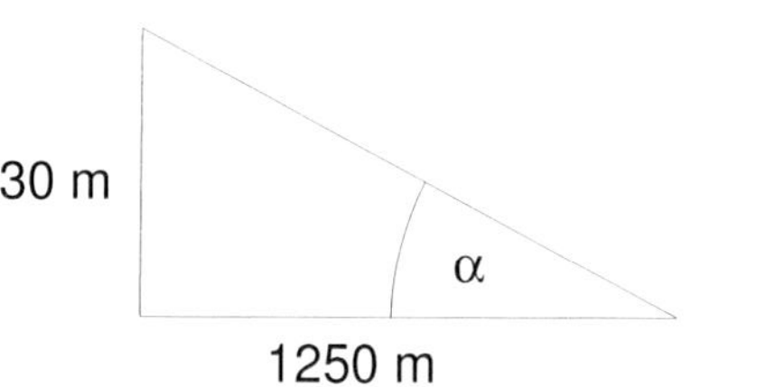

$$\tan \alpha = \frac{\text{Gegenkathete}}{\text{Ankathete}}$$

$$\tan \alpha = \frac{30}{1250}$$

$$\tan \alpha = 0{,}024$$

$$\alpha \approx 1{,}37483°$$

Der Gleitwinkel beträgt 1,37°.

Lösung Nr. 38 Aufgabenkarten Trigonometrie

Aufgabenkarten Trigonometrie

Eine quadratische Pyramide hat die Grundkanten a = 10 cm und die Seitenkanten s = 13 cm.
Berechne den Neigungswinkel β der Seitenkanten zur Grundfläche und die Höhe h der Pyramide.

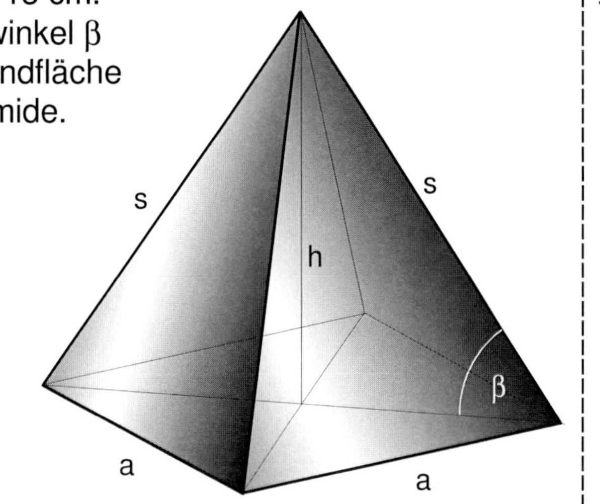

Aufgabe Nr. 39 Aufgabenkarten Trigonometrie

Zunächst musst du die Diagonale im Quadrat berechnen. Das geht mit dem Satz des Pythagoras.

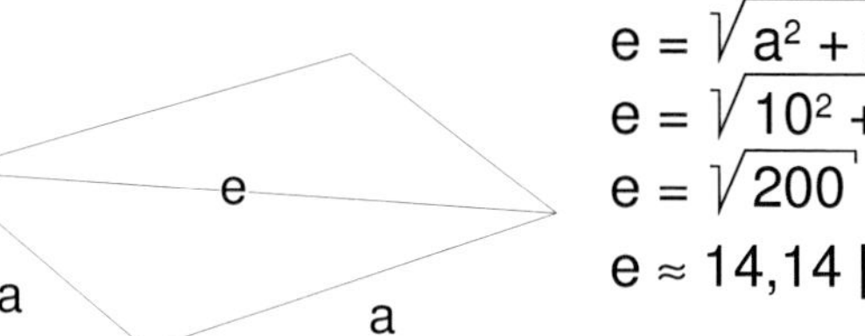

$e = \sqrt{a^2 + a^2}$

$e = \sqrt{10^2 + 10^2}$

$e = \sqrt{200}$

$e \approx 14{,}14$ [cm]

$\cos\beta = \dfrac{\text{Ankathete}}{\text{Hypotenuse}}$

$\cos\beta = \dfrac{7{,}07}{13}$

$\cos\beta \approx 0{,}54385$

$\beta \approx 57{,}05°$

Die Höhe der Pyramide kannst du mit dem Satz des Pythagoras ausrechnen.

$h = \sqrt{13^2 - 7{,}07^2}$

$h \approx 10{,}9$ [cm]

Lösung Nr. 39 Aufgabenkarten Trigonometrie

Die »Gipfelstürmer« hatten ihre Route von A nach B mit Hilfe eines Meßtischblattes im Maßstab 1 : 25 000 festgelegt. Die Entfernung von zwei benachbarten Höhenlinien sind in Millimetern eingetragen. Berechne jeweils den Böschungswinkel sowie die Länge der Böschung für je 10 m Höhenunterschied.

Höhenlinie
Höhenlinie
Höhenlinie
B
A
8 mm | 13 mm | 9 mm | 14 mm | 10 mm | 7 mm
460 m
450 m
440 m
430 m
420 m
410 m
400 m

Aufgabe Nr. 40 Aufgabenkarten Trigonometrie

Maßstab 1 : 25 000 besagt, dass 1 mm auf der Karte 25 000 mm (25 m) in Wirklichkeit sind.

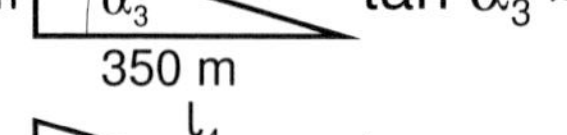

7 mm ≙ 175 m	10 m, 175 m, l_1	$\tan\alpha_1 \approx 3{,}27°$ $l_1 \approx 175{,}3$ m
10 mm ≙ 250 m	10 m, 250 m, l_2	$\tan\alpha_2 \approx 2{,}29°$ $l_2 \approx 250{,}2$ m
14 mm ≙ 350 m	10 m, 350 m, l_3	$\tan\alpha_3 \approx 1{,}64°$ $l_3 \approx 350{,}1$ m
9 mm ≙ 225 m	10 m, 225 m, l_4	$\tan\alpha_4 \approx 2{,}54°$ $l_4 \approx 225{,}2$ m
13 mm ≙ 325 m	10 m, 325 m, l_5	$\tan\alpha_5 \approx 1{,}76°$ $l_5 \approx 325{,}2$ m
8 mm ≙ 200 m	10 m, 200 m, l_6	$\tan\alpha_6 \approx 2{,}86°$ $l_6 \approx 200{,}2$ m

Lösung Nr. 40 Aufgabenkarten Trigonometrie

KOHL VERLAG Sinus, Kosinus und Tangens Basistraining zur Trigonometrie – Bestell-Nr. 11 073

Die Strömung des alten Mississippi war doch stärker, als sich der Captain des Schaufelraddampfers vorgestellt hatte. Bei der Überquerung des an dieser Stelle 230 m breiten Flusses legte er einen Weg von 370 m zurück.
Unter welchem Winkel wurde der Dampfer abgetrieben?

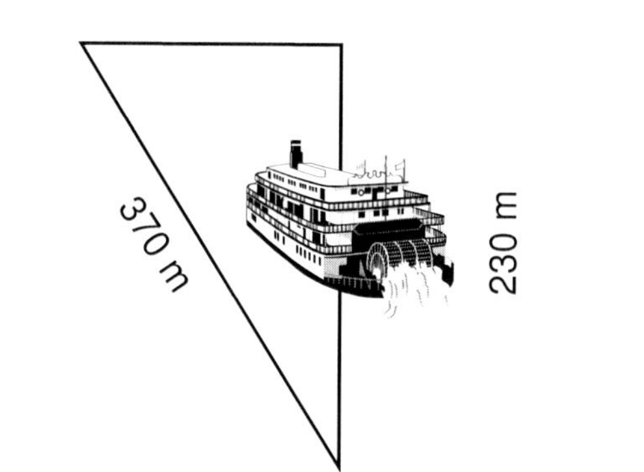

Aufgabe Nr. 41 Aufgabenkarten Trigonometrie

370 m
230 m
α

$$\cos \alpha = \frac{\text{Ankathete}}{\text{Hypotenuse}}$$

$$\cos \alpha = \frac{230}{370}$$

$$\cos \alpha \approx 0{,}62162$$

$$\alpha \approx 51{,}56535°$$

Der Dampfer wurde um einen Winkel von 51,6° abgetrieben.

Lösung Nr. 41 Aufgabenkarten Trigonometrie

Um die Höhe einer Wolke zu bestimmen, strahlt man sie mit einem lotrecht gerichteten Lichtbündel an. Von einer Stelle, die 4 km vom Standort des Scheinwerfers entfernt ist, erscheint die Wolke unter einem Höhenwinkel von 58°. Wie hoch ist die untere Wolkengrenze?

Lichtbündel
58°
4 km

Aufgabe Nr. 42 Aufgabenkarten Trigonometrie

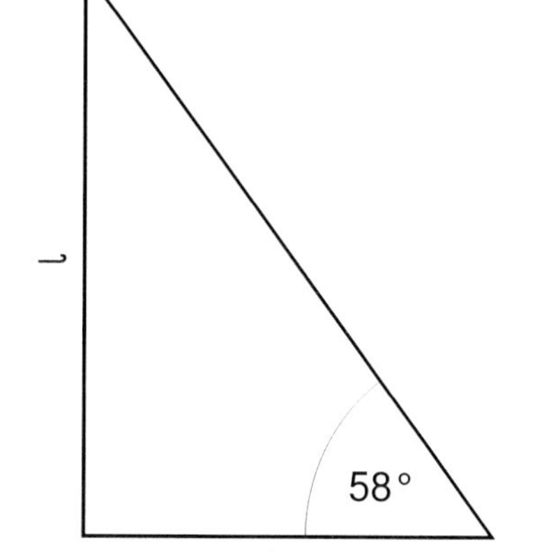

$$\tan \alpha = \frac{\text{Gegenkathete}}{\text{Ankathete}}$$

$$\tan \alpha = \frac{l}{4}$$

$$l = 4 \cdot \tan 58°$$

$$l \approx 6{,}40134 \text{ [km]}$$

Die untere Wolkengrenze liegt bei 640 m.

Lösung Nr. 42 Aufgabenkarten Trigonometrie

Ein Messgerät steht 207 m von einem Fernsehturm entfernt, 1,50 m über dem Fußpunkt des Turms. Man sieht die Spitze des Turms unter einem Höhenwinkel von 54,85°. Wie hoch ist der Fernsehturm?

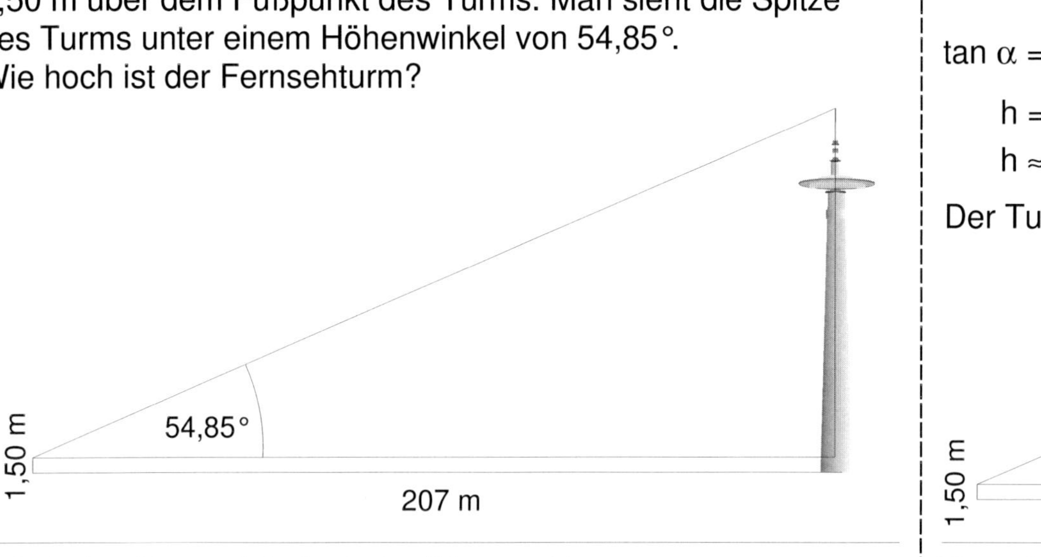

Aufgabe Nr. 43 Aufgabenkarten Trigonometrie

$\tan \alpha = \frac{\text{Gegenkathete}}{\text{Ankathete}}$

$\tan \alpha = \frac{h}{207}$

$h = 207 \cdot \tan 54{,}85°$

$h \approx 293{,}985534$ [m]

Der Turm ist 295,5 m hoch.

54,85°
1,50 m
207 m
h

Lösung Nr. 43 Aufgabenkarten Trigonometrie

Eine 4 m lange Leiter lehnt an einer Hauswand und reicht mit ihrem oberen Ende bis auf 3,50 m Wandhöhe. Berechne den Winkel α, unter dem die Leiter an der Wand lehnt.

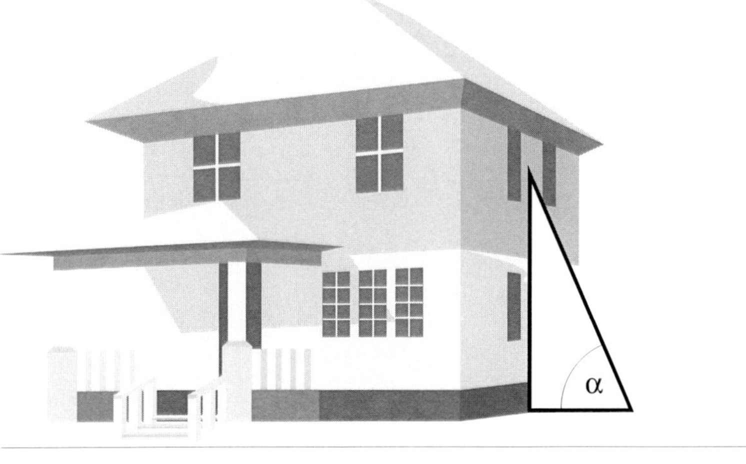

Aufgabe Nr. 44 Aufgabenkarten Trigonometrie

3,50 m
4 m
α

$\sin \alpha = \frac{\text{Gegenkathete}}{\text{Hypotenuse}}$

$\sin \alpha = \frac{3{,}50}{4}$

$\sin \alpha = 0{,}875$

$\alpha \approx 61{,}04498°$

Die Leiter lehnt unter einem Winkel von 61° an der Hauswand.

Lösung Nr. 44 Aufgabenkarten Trigonometrie

Von einem Punkt P sind die Tangenten an einen Kreis mit dem Radius r = 2,6 cm gezogen worden. Sie bilden einen Winkel von 53°. Wie lang sind sie?

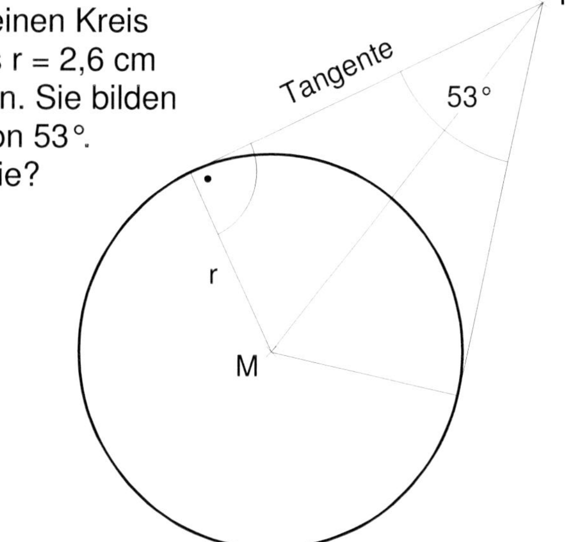

Aufgabe Nr. 45 Aufgabenkarten Trigonometrie

$\tan \alpha = \frac{\text{Gegenkathete}}{\text{Ankathete}}$

$\tan \alpha = \frac{r}{t}$

$t = \frac{r}{\tan \alpha}$

$t = \frac{2{,}6}{\tan 26{,}5°}$

$t \approx 5{,}21480\ [\text{ cm }]$

Die Tangente ist 5,2 cm lang.

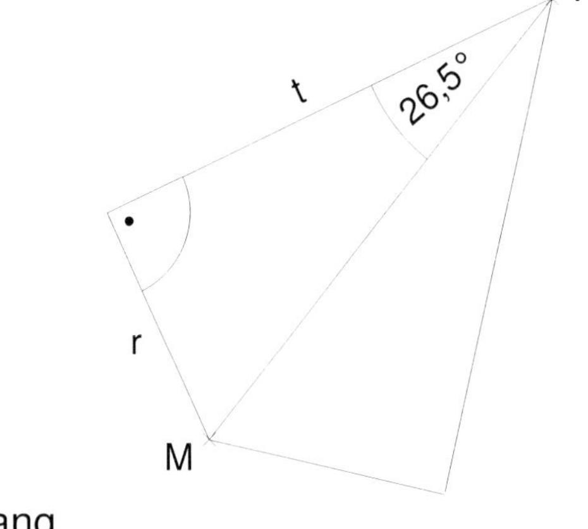

Lösung Nr. 45 Aufgabenkarten Trigonometrie

Wie hoch ist das Haus insgesamt?

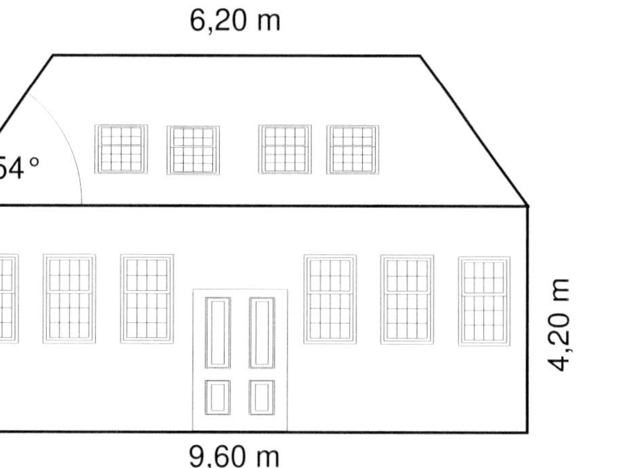

Aufgabe Nr. 46 Aufgabenkarten Trigonometrie

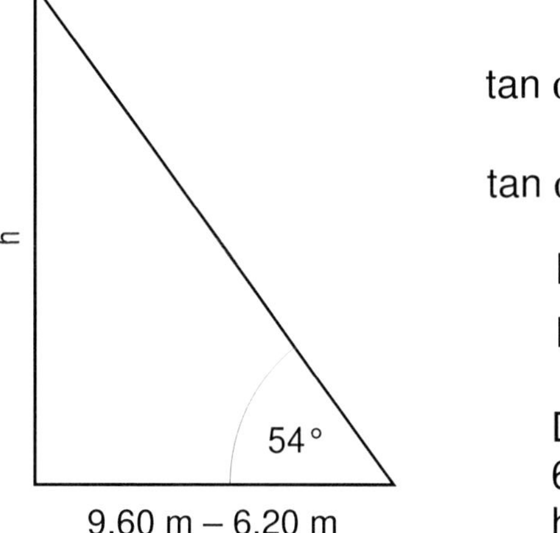

$\tan \alpha = \frac{\text{Gegenkathete}}{\text{Ankathete}}$

$\tan \alpha = \frac{h}{1{,}7}$

$h = 1{,}7 \cdot \tan 54°$

$h \approx 2{,}33985\ [\text{ m }]$

Das Haus ist insgesamt 6,54 m (4,20 m + 2,34 m) hoch.

Lösung Nr. 46 Aufgabenkarten Trigonometrie

Der Graph der linearen Funktion y = 0,8x + 1 ist eine Gerade mit der Steigung 0,8. Unter welchem Winkel schneidet die Gerade die x-Achse?

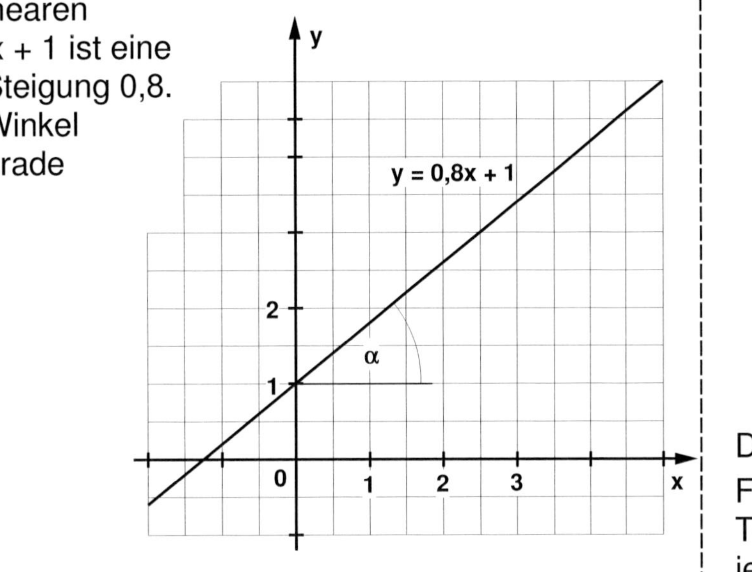

Aufgabe Nr. 47 Aufgabenkarten Trigonometrie

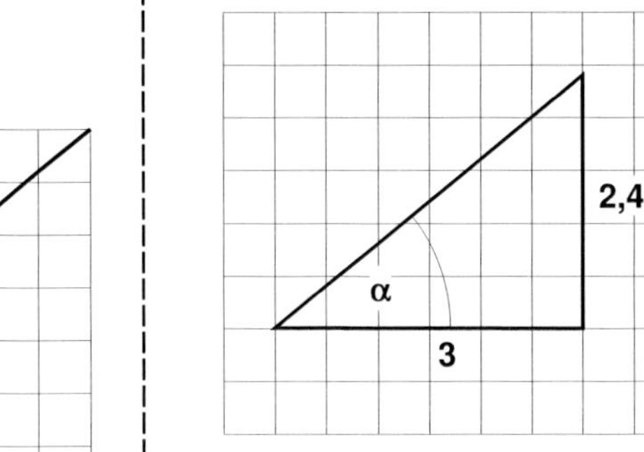

Du schneidest dir aus dem Graphen ein geeignetes Teildreieck aus und bestimmst die Längen der beiden Katheten.

$$\tan \alpha = \frac{\text{Gegenkathete}}{\text{Ankathete}}$$

$$\tan \alpha = \frac{2{,}4}{3}$$

$$\tan \alpha = 0{,}8$$

$$\alpha \approx 38{,}65981\,°$$

Der Winkel beträgt 38,7°.

Für weitere Aufgaben brauchst du jetzt sicherlich keine Teildreiecke mehr, sondern rechnest sofort mit dem jeweiligen Steigungsfaktor.

Lösung Nr. 47 Aufgabenkarten Trigonometrie

Ein Flugzeug soll in 2500 m Entfernung vom Abhebepunkt einen 40 m hohen Turm mit einem Sicherheitsabstand von 200 m überfliegen. Unter welchem Winkel muss das Flugzeug steigen?

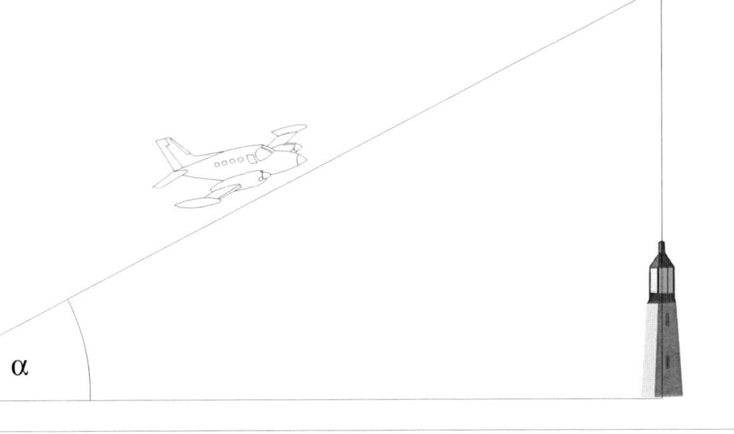

Aufgabe Nr. 48 Aufgabenkarten Trigonometrie

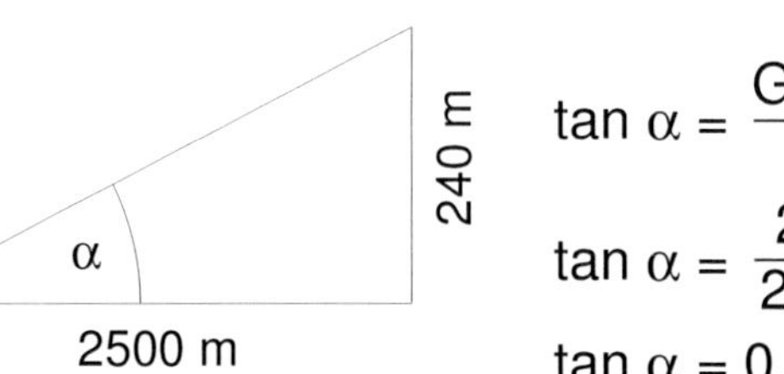

$$\tan \alpha = \frac{\text{Gegenkathete}}{\text{Ankathete}}$$

$$\tan \alpha = \frac{240}{2500}$$

$$\tan \alpha = 0{,}096$$

$$\alpha \approx 5{,}48359\,°$$

Das Flugzeug muss unter einem Winkel von 5,5° steigen, damit es den Turm mit dem nötigen Sicherheitsabstand überfliegt.

Lösung Nr. 48 Aufgabenkarten Trigonometrie

Aufgabenkarten Trigonometrie

Der Übergang eines Lichtstrahls vom Licht ins Wasser erfolgt nach dem Brechungsgesetz des Physikers und Mathematikers Willbrord Snellius.

Es gilt: $\frac{\sin \alpha}{\sin \beta} = \frac{4}{3}$, wobei α der Winkel des einfallenden Strahls ist und β der Winkel des gebrochenen Strahls gegenüber dem Einfallslot.

Wie groß ist β für $\alpha = 35°$.

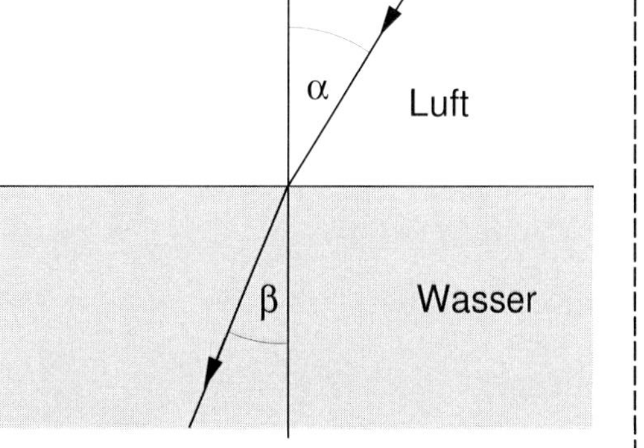

Aufgabe Nr. 49 Aufgabenkarten Trigonometrie

$$\frac{\sin \alpha}{\sin \beta} = \frac{4}{3}$$

$$3 \cdot \sin \alpha = 4 \cdot \sin \beta$$

$$\sin \beta = \frac{3 \cdot \sin \alpha}{4}$$

$$\sin \beta = \frac{3 \cdot \sin 35°}{4}$$

$$\sin \beta \approx 0{,}43018$$

$$\beta \approx 25{,}47913°$$

Der Winkel β beträgt 25,5°.

Lösung Nr. 49 Aufgabenkarten Trigonometrie

Auf Straßenkarten sind bei Passstraßen immer die größten Steigungen (in Prozent) angegeben:

Flexenpass	10 %
Furkajoch	14 %
Arlbergpass	13 %
Fernpass	8 %

Wie groß ist der jeweilige Steigungswinkel?

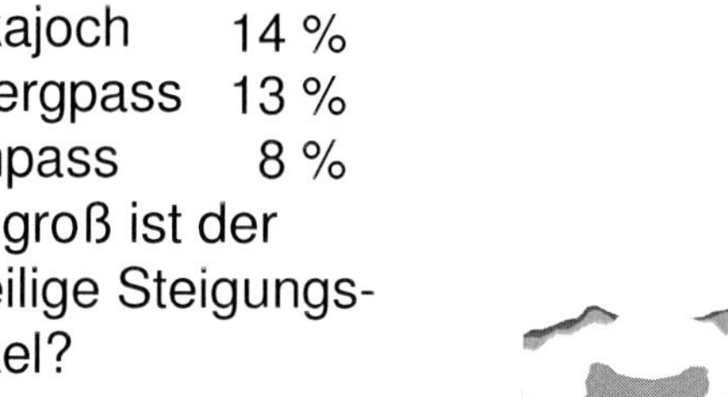

Aufgabe Nr. 50 Aufgabenkarten Trigonometrie

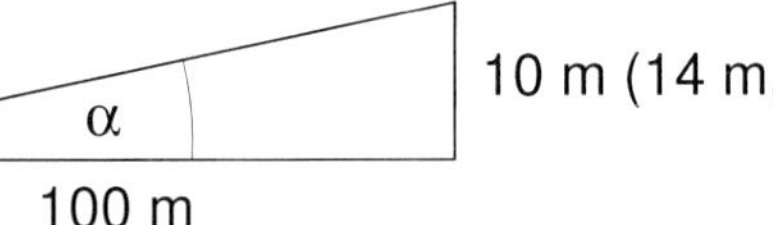

$$\tan \alpha = \frac{\text{Gegenkathete}}{\text{Ankathete}}$$

$$\tan \alpha = \frac{10}{100}$$

$$\tan \alpha = 0{,}1$$

$$\alpha \approx 5{,}71059°$$

$$\tan \alpha = \frac{13}{100}$$

$$\tan \alpha = 0{,}13$$

$$\alpha \approx 7{,}40691°$$

$$\tan \alpha = \frac{14}{100}$$

$$\tan \alpha = 0{,}14$$

$$\alpha \approx 7{,}96961°$$

$$\tan \alpha = \frac{8}{100}$$

$$\tan \alpha = 0{,}08$$

$$\alpha \approx 4{,}57392°$$

Flexenpass	5,7°
Furkajoch	8°
Arlbergpass	7,4°
Fernpass	4,6°

Lösung Nr. 50 Aufgabenkarten Trigonometrie

Test I

AUFGABE 1

Ein gleichschenkliges Dreieck ($\alpha = \beta$) hat die Maße $\alpha = 68{,}5°$ und c = 42,9 cm. Wie lang ist die Seite a?

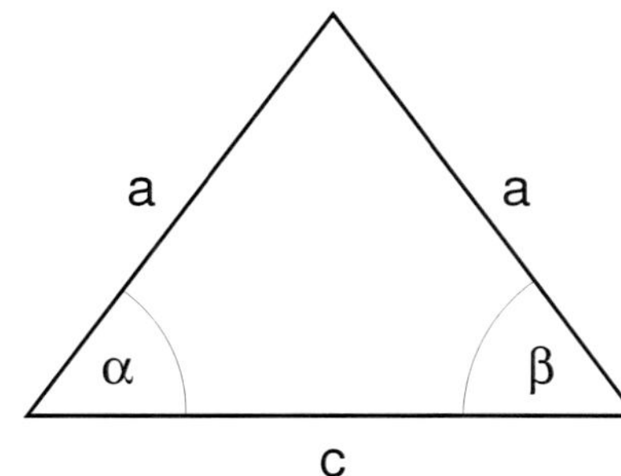

AUFGABE 2

In einer Raute ist a = 5,2 cm, die Diagonale f = 5,2 cm. Berechne die Winkel α und β.

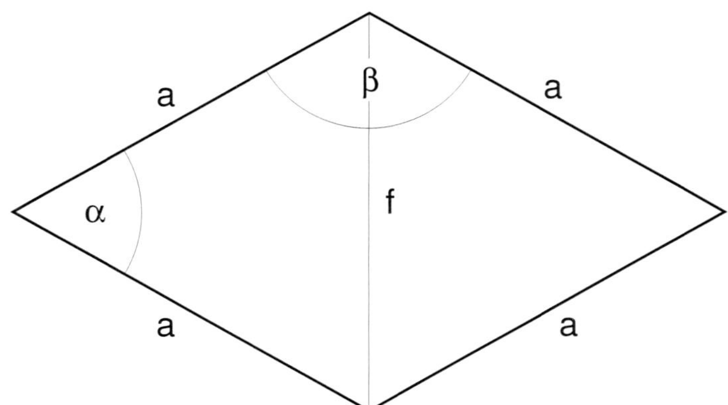

AUFGABE 3

Von einem 63,2 m hohen Leuchtturm erscheinen zwei Felsbrocken A und B, die bei ruhiger See gerade noch aus dem Wasser ragen, unter den Tiefenwinkeln $\alpha = 28{,}7°$ und $\beta = 43{,}9°$. Wie weit sind die beiden Felsbrocken voneinander und vom Turm entfernt?

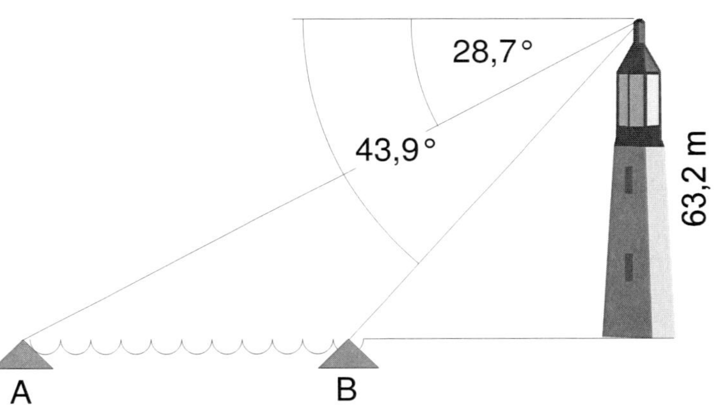

AUFGABE 4

Berechne die fehlende Seite und die Winkel α und β des Dreiecks ABC mit $\gamma = 90°$, a = 5,3 cm und c = 7,2 cm.

AUFGABE 5

Berechne die Größe der fehlenden Winkel und die Länge der Diagonalen in einem Drachen mit a = 3,5 cm, b = 5,9 cm und $\alpha = 54°$.

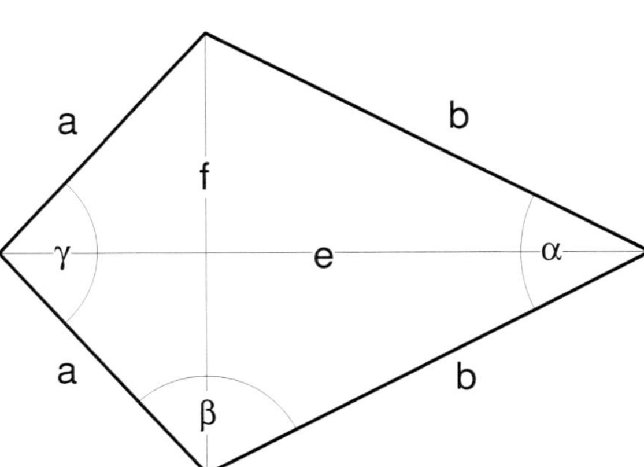

AUFGABE 6

Wie hoch ist das Haus insgesamt?

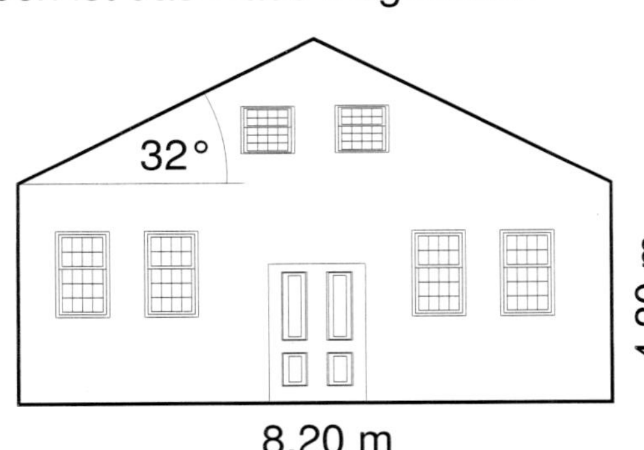

KOHL VERLAG
Sinus, Kosinus und Tangens
Basistraining zur Trigonometrie – Bestell-Nr. 11 073

Test II

AUFGABE 1

Ein Quader hat die Kantenlängen $a = 8$ cm, $b = 6$ cm und $c = 4$ cm. Wie groß sind die Winkel α, β und γ?

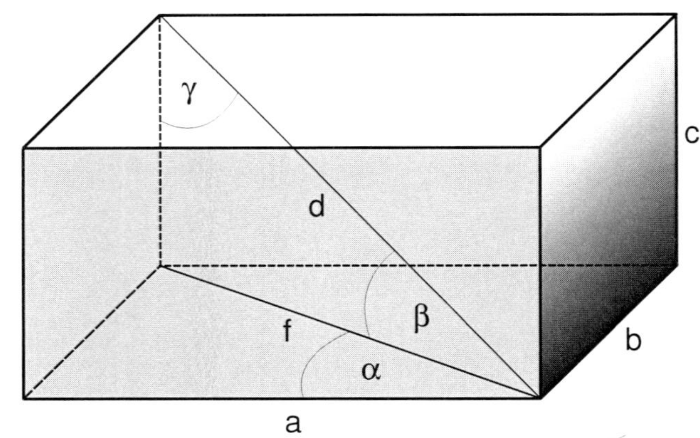

AUFGABE 2

Eine Drahtseilbahn soll einen Höhenunterschied von 215 m bei einem Neigungswinkel von 29° überwinden. Wie lang muss das Seil mindestens sein?

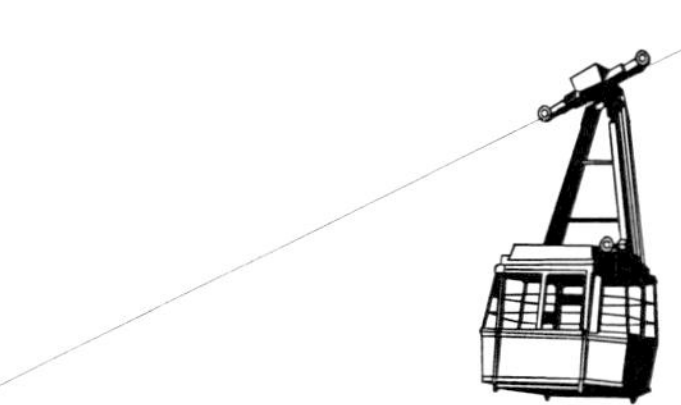

AUFGABE 3

Ein Sandhaufen hat die Form eines Kegels mit einem Durchmesser von 3,20 m und einem Böschungswinkel von 36°. Wie hoch ist der Sandhaufen?

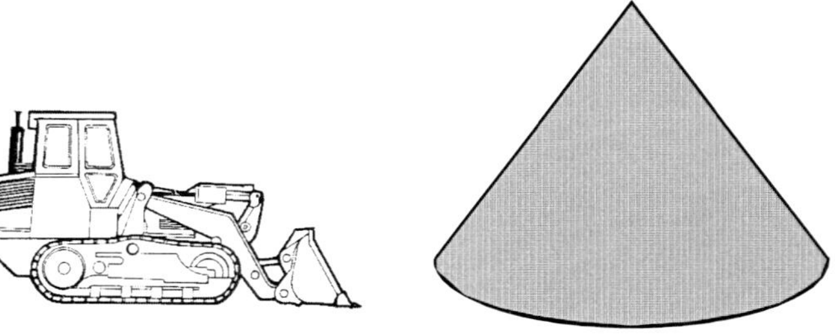

AUFGABE 4

Die Stufen einer Treppe sind 30 cm breit und 22 cm hoch. Unter welchem Neigungswinkel muss das Treppengeländer angefertigt werden?

AUFGABE 5

Ein Kreis hat einen Radius von 5,8 cm. Wie lang ist eine Sehne des Kreises, wenn der zugehörige Mittelpunktswinkel 52° beträgt?

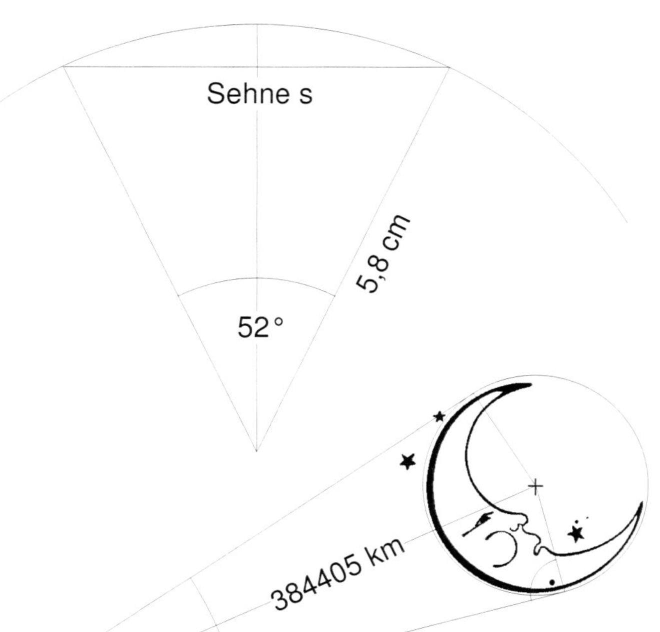

AUFGABE 6

Der Mond ist von der Erde ungefähr 384405 km entfernt. Sein Durchmesser erscheint von der Erde aus unter einem Winkel von 0,532°. Wie groß ist der Durchmesser des Mondes?

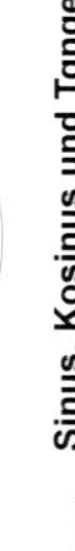

Test III

AUFGABE 1

Die größte Steigung im Netz der Deutschen Bahn AG muss auf der Strecke von Boppard nach Kastelaun in den Hunsrück überwunden werden. Das Steigungsverhältnis auf der 7 km langen Strecke ist 1 **:** 16,4. Berechne den Steigungswinkel und den Höhenunterschied.

AUFGABE 2

Welche Winkel bilden die Diagonalen eines Rechtecks mit a = 7 cm und b = 4 cm mit den Seiten a und b? Unter welchen Winkeln schneiden sich die Diagonalen?

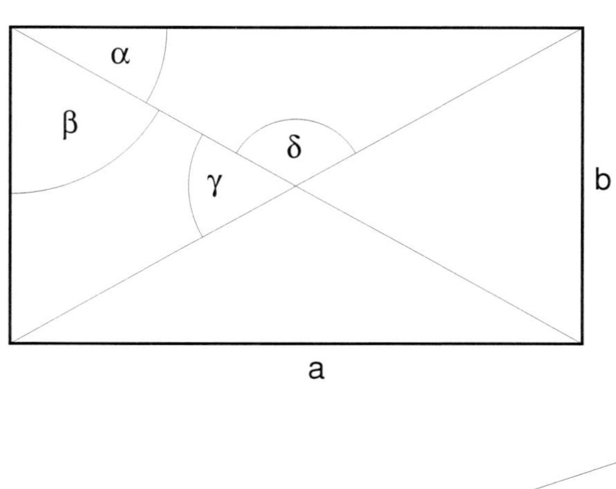

AUFGABE 3

Ein Heißluftballon befindet sich in einer Höhe von 2,3 km. Er wird von zwei Standorten aus unter den Höhenwinkeln 38° und 52° angepeilt. Wie weit sind die Orte voneinander entfernt?

A B

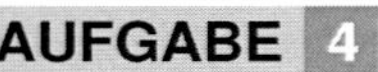

AUFGABE 4

Einem Kreis mit dem Radius r = 5 cm wird ein regelmäßiges 10-Eck einbeschrieben. Berechne den Umfang dieses Zehnecks.

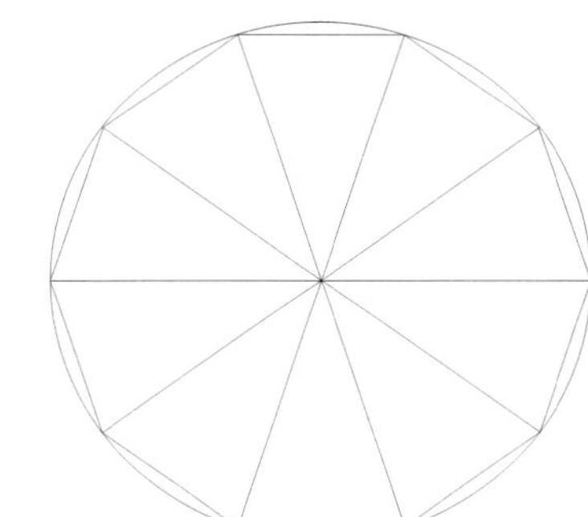

AUFGABE 5

Ein Sendemast ist mit sogenannten Abspannseilen gesichert, die im Boden verankert sind.
Wie hoch ist der Sendemast?
Wie lang ist das Abspannseil von A nach B?

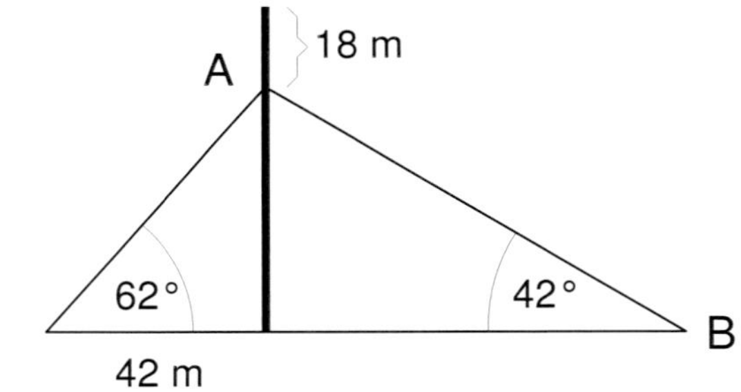

AUFGABE 6

Berechne die fehlenden Stücke A, u, a, b, c, h_c und β in einem rechtwinkligen Dreieck.

q = 5 cm

α = 35°

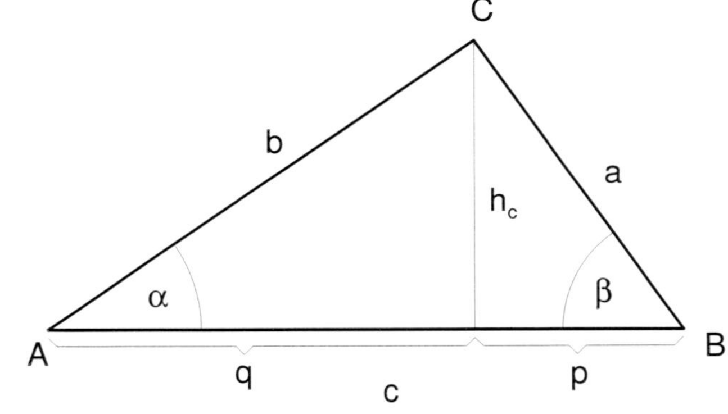

Sinus, Kosinus und Tangens Basistraining zur Trigonometrie – Bestell-Nr. 11 073
KOHL VERLAG

Wir vermessen im Gelände

Um Messungen im Gelände durchführen zu können, benötigt man Messgeräte. Der Theodolit ist ein optisch-mechanisches Präzisionsinstrument der Vermessungskunde und dient zur Ermittlung von Horizontal- und Vertikalwinkeln. Hauptbestandteil des Theodoliten ist ein Fernrohr mit Fadenkreuz.

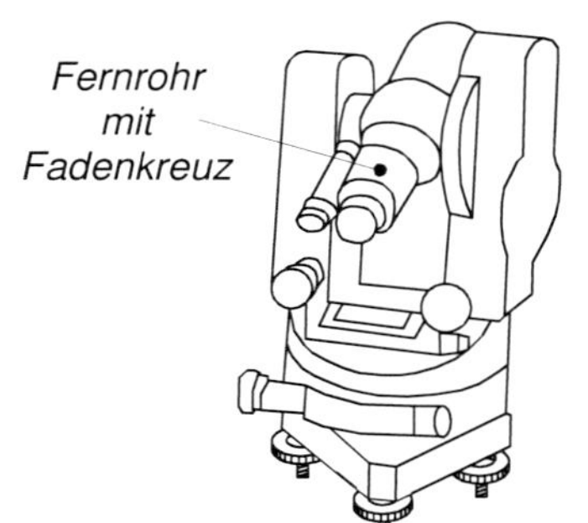

Das Fernrohr lässt sich sowohl um eine horizontale als auch vertikale Achse drehen. Auf einer Kreisscheibe lassen sich dann die entsprechenden Drehwinkel ablesen. Solche Theodoliten baute man schon im 16. Jahrhundert.

BEISPIEL 1

Um die Höhe eines Gebäudes zu bestimmen, misst man den sogenannten Höhenwinkel α und die Entfernung e des Theodoliten vom Turm. Außerdem muss man noch wissen, wie hoch der Theodolit steht. Mit dem Tangens kommst du schnell an die gewünschte Gebäudehöhe.

BEISPIEL 2

Von der 12 m hohen Hafenmauer sieht man ein Segelschiff unter dem Tiefenwinkel α. Wie weit ist das Schiff vom Hafen entfernt? Mit dem Tangens ist das eine Kleinigkeit für dich!

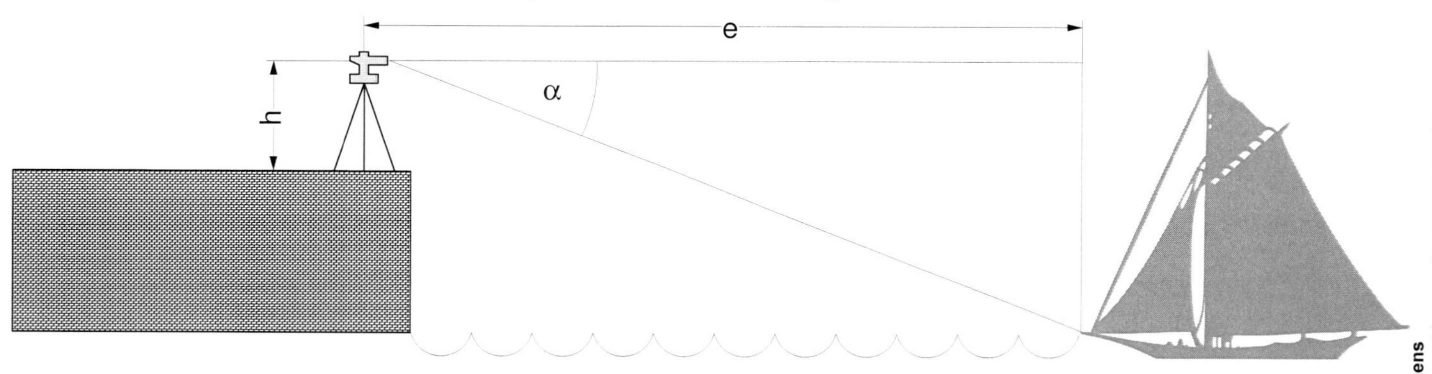

Damit du solche oder ähnliche Fragestellungen in deiner näheren Umgebung lösen kannst, bastelst du dir einen eigenen Theodoliten. Du brauchst Schere, Klebstoff und eine Heft- oder Büroklammer. Die entsprechenden Vorlagen findest du auf den nächsten Seiten. Dein Theodolit ist zwar nicht sehr genau, aber er zeigt dir, wie du verfahren kannst, um Höhen oder Entfernungen rechnerisch zu bestimmen. Ermittle doch einmal, wie hoch deine Schule ist.

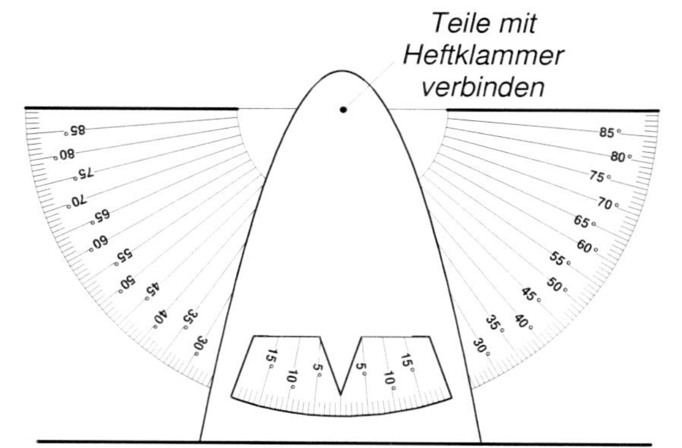

Wir vermessen im Gelände

zweimal auf stärkeren Karton kopieren

Teil 1 (ausschneiden, knicken und miteinander verkleben)

Knickkante

Lasche von Teil 3 aufkleben

Lasche von Teil 4 aufkleben

Teil 2 (ausschneiden, Loch austanzen und miteinander verkleben)

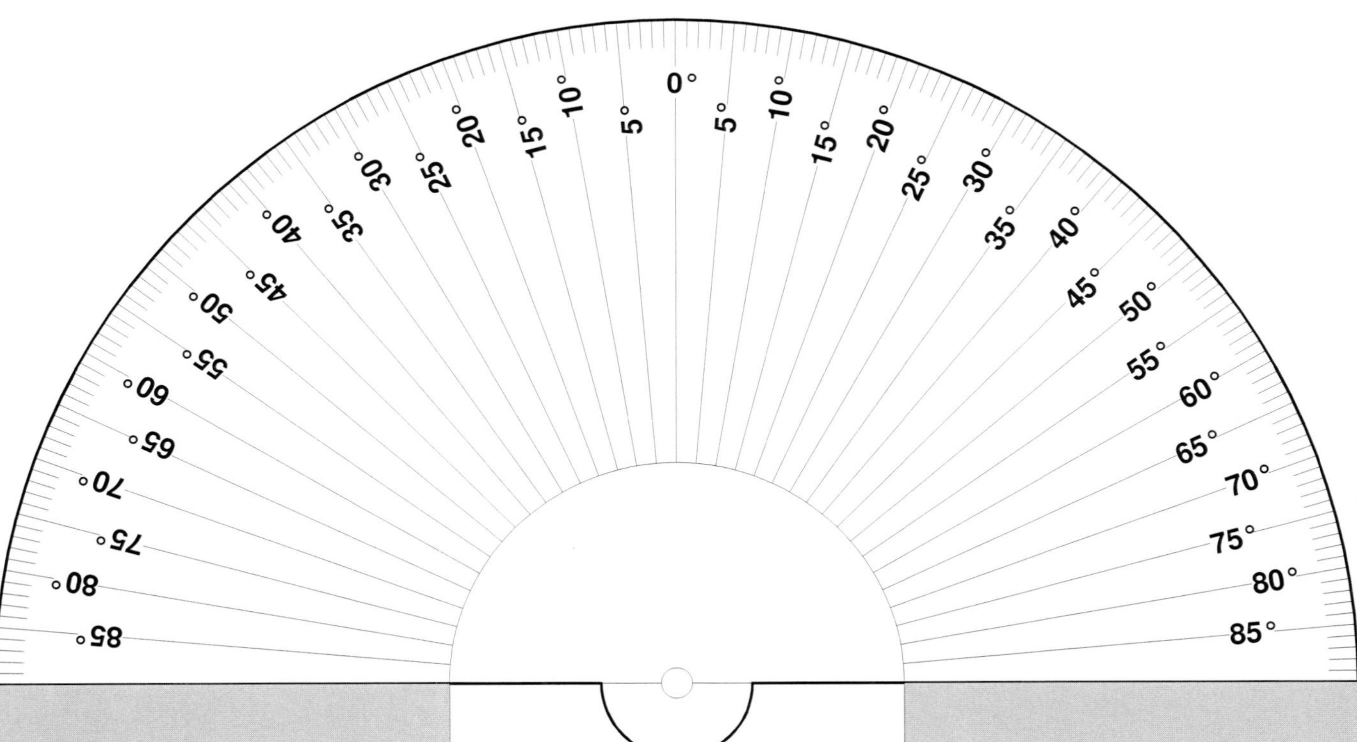

graue Lasche vor dem Verkleben seitlich wegklappen

graue Lasche vor dem Verkleben seitlich wegklappen

Sinus, Kosinus und Tangens
Basistraining zur Trigonometrie – Bestell-Nr. 11 073
KOHL VERLAG

auf stärkeren Karton kopieren

Lasche nach vorne knicken

ausschneiden

Lasche nach vorne knicken

ausschneiden

Teil 2a auf graue Lasche von Teil 2 kleben

Teil 3 (ausschneiden, knicken, Loch stanzen)

Teil 4 (ausschneiden, knicken, Loch stanzen)

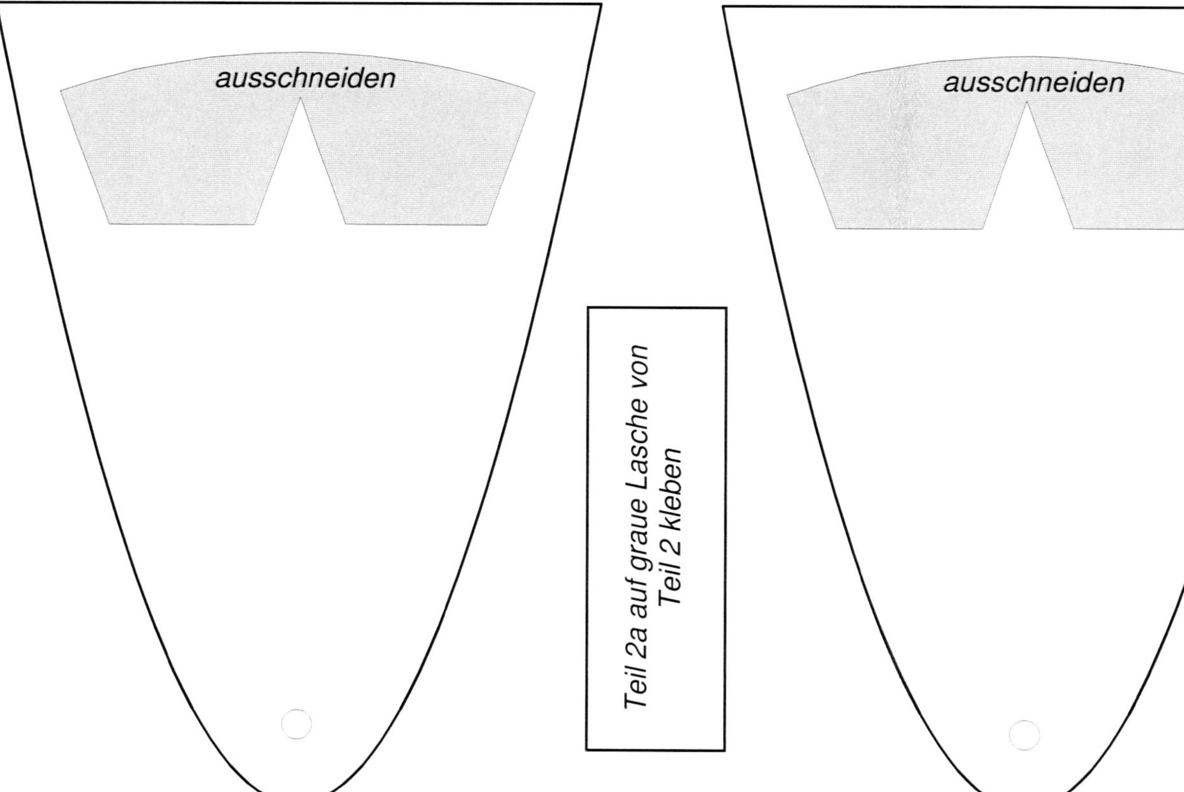

Teil 3 a (ausschneiden, Loch stanzen und mit Teil 3 zusammenkleben)

Teil 4 a (ausschneiden, Loch stanzen und mit Teil 4 zusammenkleben)

KOHL VERLAG Sinus, Kosinus und Tangens
Basistraining zur Trigonometrie – Bestell-Nr. 11 073

Lösungen

Seite 6

AUFGABE 1

Bestimme mit Hilfe der Zeichnung die Sinuswerte.

α	11°	28°	37°	49°	55°	65°	75°
sin α	*0,19*	*0,47*	*0,60*	*0,75*	*0,82*	*0,91*	*0,97*

AUFGABE 2

Bestimme mit Hilfe der Zeichnung den Winkel, der zu dem Zahlenverhältnis gehört.

sin α	0,09	0,14	0,26	0,31	0,50
α	*5°*	*8°*	*15°*	*18°*	*30°*

Seite 8

AUFGABE 1

Bestimme mit Hilfe der Zeichnung die Kosinuswerte.

α	11°	28°	37°	49°	55°	65°	75°
cos α	*0,98*	*0,88*	*0,80*	*0,66*	*0,57*	*0,42*	*0,26*

AUFGABE 2

Bestimme mit Hilfe der Zeichnung den Winkel, der zu dem Zahlenverhältnis gehört.

cos α	0,09	0,14	0,50	0,63	0,83
α	*85°*	*82°*	*60°*	*51°*	*34°*

Seite 10

AUFGABE 1

Bestimme mit Hilfe der Zeichnung die gewünschten Tangenswerte.

α	5°	8°	17°	29°	45°	55°	57°	60°	62°
tan α	*0,09*	*0,14*	*0,31*	*0,55*	*1,00*	*1,43*	*1,54*	*1,73*	*1,88*

AUFGABE 2

Bestimme mit Hilfe der Zeichnung die Größe des Winkels.

tan α	0,15	0,21	0,37	0,42	0,69	0,83	1,15	1,60	1,70
α	*8,5°*	*11,9°*	*20,3°*	*22,8°*	*34,6°*	*39,7°*	*49,0°*	*58,0°*	*59,5°*

Seite 11

AUFGABE 1

Bestimme mit dem Taschenrechner auf fünf Stellen nach dem Komma gerundet.

a) sin 53,4° = 0,80282 b) cos 33,9° = 0,83001 c) sin 63,4° = 0,89415 d) tan 18,1° = 0,32685
e) sin 28,7° =0,48022 f) tan 89,4° = 95,48948 g) cos 12,6° =0,97592 h) tan 11,1° = 0,19619

AUFGABE 2

Bestimme mit Hilfe des Taschenrechners den spitzen Winkel α.

a) α = 10,15° b) α = 58,47° c) α = 80,86° d) α = 20,43°
e) α = 21,22° f) α = 49,56° g) α = 83,27° h) α = 42,96°

AUFGABE 3

Überprüfe mit Hilfe des Taschenrechners die speziellen Werte in der Tabelle.

α	sin α	cos α	tan α
0°	0 ✔	1 ✔	0 ✔
30°	$\frac{1}{2}$ ✔	$\frac{1}{2}\sqrt{3}$ ✔	$\frac{1}{3}\sqrt{3}$ ✔
45°	$\frac{1}{2}\sqrt{2}$ ✔	$\frac{1}{2}\sqrt{2}$ ✔	1 ✔
60°	$\frac{1}{2}\sqrt{3}$ ✔	$\frac{1}{2}$ ✔	$\sqrt{3}$ ✔
90°	1 ✔	0 ✔	∞ *unendlich*

Ein Taschenrechner kann diesen Wert nicht anzeigen.

Sinus, Kosinus und Tangens
Basistraining zur Trigonometrie – Bestell-Nr. 11 073
KOHL VERLAG

Lösungen

Test I, Seite 39

AUFGABE 1

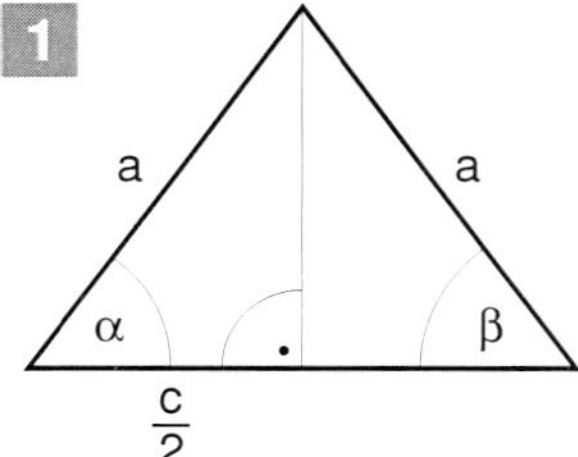

$$\cos\alpha = \frac{\frac{c}{2}}{a}$$

$$a = \frac{\frac{c}{2}}{\cos\alpha} \qquad a = \frac{21{,}45}{\cos 68{,}5°} \qquad a \approx 58{,}5\ [\text{ cm }]$$

AUFGABE 2

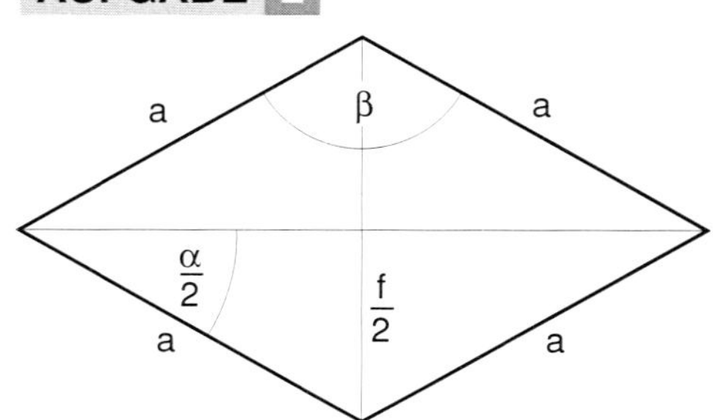

$$\sin\frac{\alpha}{2} = \frac{\frac{f}{2}}{a} \qquad \sin\frac{\alpha}{2} = \frac{2{,}6}{5{,}2} \qquad \sin\frac{\alpha}{2} = 0{,}5 \qquad \frac{\alpha}{2} = 30°$$

$\alpha = 60°$

$\beta = 120°$

AUFGABE 3

$$\sin 43{,}9° = \frac{63{,}2}{x} \qquad \sin 28{,}7° = \frac{63{,}2}{y}$$

$$x = \frac{63{,}2}{\sin 43{,}9°} \qquad y = \frac{63{,}2}{\sin 28{,}7°}$$

$$x \approx 91{,}145\ [\text{ m }] \qquad y \approx 131{,}605\ [\text{ m }]$$

Die Felsbrocken sind 40,46 m voneinander entfernt.

AUFGABE 4

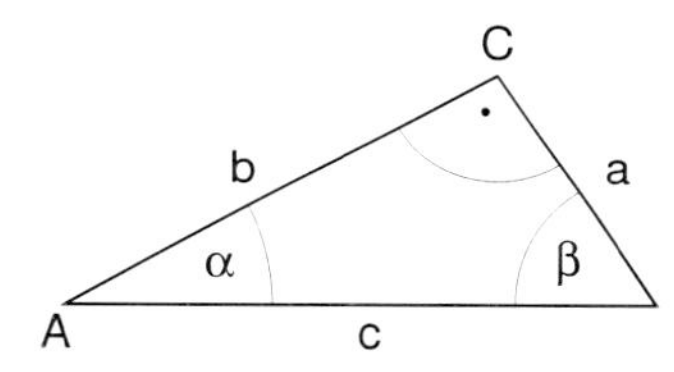

$$\sin\alpha = \frac{5{,}3}{7{,}2}$$

$\sin\alpha \approx 0{,}73611$

$\alpha \approx 47{,}4°$

$\beta \approx 42{,}6°$

$$\tan 47{,}4° = \frac{5{,}3}{b}$$

$$b = \frac{5{,}3}{\tan 47{,}4°}$$

$b \approx 4{,}9\ [\text{ cm }]$

AUFGABE 5

$$\sin 27° = \frac{\frac{f}{2}}{5{,}9}$$

$$\frac{f}{2} = 5{,}9 \cdot \sin 27°$$

$$\frac{f}{2} \approx 2{,}68\ \text{cm}$$

$f = 5{,}36$ cm

$$\sin\frac{\gamma}{2} = \frac{\frac{f}{2}}{a}$$

$$\sin\frac{\gamma}{2} = \frac{2{,}68}{3{,}5}$$

$$\frac{\gamma}{2} \approx 49{,}97°$$

$\gamma = 99{,}94°$

$\beta = 103{,}03°$

$$\tan\frac{\gamma}{2} = \frac{\frac{f}{2}}{e_1} \qquad e_1 = \frac{\frac{f}{2}}{\tan\frac{\gamma}{2}} \qquad e_1 = \frac{2{,}68}{\tan 49{,}97°}$$

$e_1 = 2{,}25\ [\text{ cm }]$

$$\tan\frac{\alpha}{2} = \frac{\frac{f}{2}}{e_2} \qquad e_2 = \frac{\frac{f}{2}}{\tan\frac{\alpha}{2}} \qquad e_2 = \frac{2{,}68}{\tan 27°}$$

$e_2 = 5{,}26\ [\text{ cm }]$

$e\ = 7{,}51\ [\text{ cm }]$

AUFGABE 6

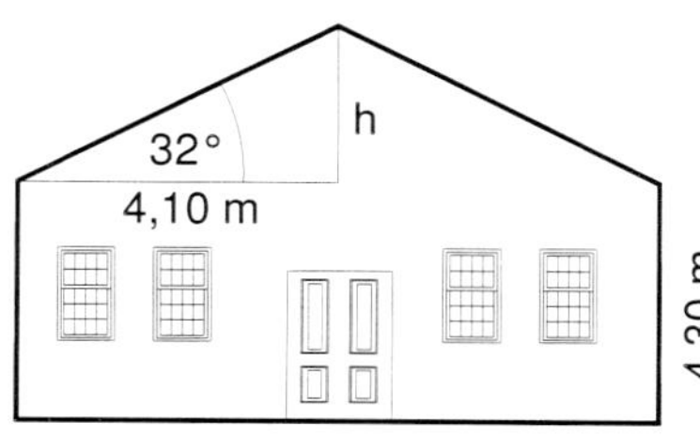

$$\tan 32° = \frac{h}{4{,}10}$$

$h = 4{,}10 \cdot \tan 32°$

$h \approx 2{,}56\ [\text{ m }]$

Das Haus hat eine Höhe von 6,86 m.

Sinus, Kosinus und Tangens
Basistraining zur Trigonometrie – Bestell-Nr. 11 073
KOHL VERLAG

Lösungen

Test II, Seite 40

AUFGABE 1

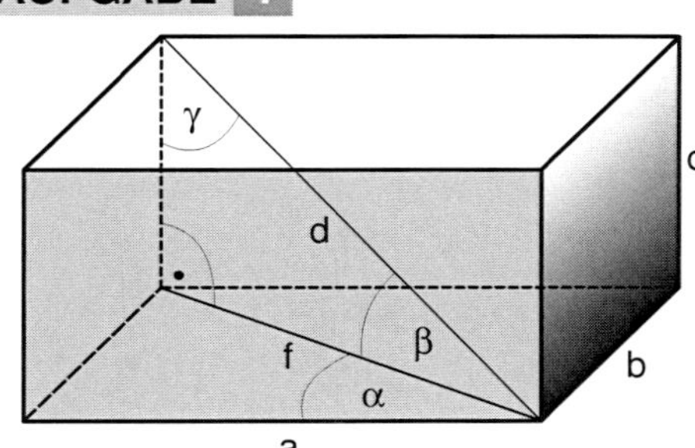

$f = \sqrt{a^2 + b^2}$

$f = \sqrt{8^2 + 6^2}$

$f = 10{,}0$ [cm]

$\tan\alpha = \frac{b}{a}$ $\quad$ $\tan\beta = \frac{c}{f}$

$\tan\alpha = \frac{6}{8}$ $\quad$ $\tan\beta = \frac{4}{10}$

$\tan\alpha = 0{,}75$ $\quad$ $\tan\beta = 0{,}4$

$\alpha \approx 36{,}86990°$ $\quad$ $\beta \approx 21{,}80141°$

$\alpha \approx 37°$ $\quad$ $\beta \approx 22°$ $\quad$ $\gamma \approx 68°$

AUFGABE 2

$\sin 29° = \frac{215}{l}$ $\quad$ $l = \frac{215}{\sin 29°}$

$l \approx 443{,}47$ [m]

Das Seil muss mindestens 443,5 m lang sein.

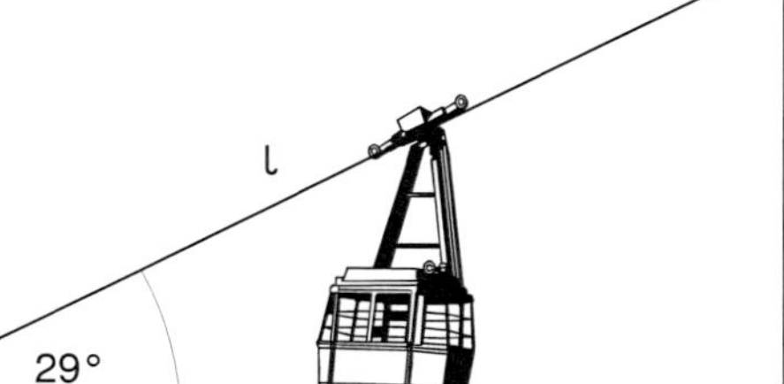

AUFGABE 3

$\tan 36° = \frac{h}{1{,}60}$ $\quad$ $h = 1{,}60 \cdot \tan 36°$

$h \approx 1{,}16$ [m]

Der Sandhaufen ist 1,16 m hoch.

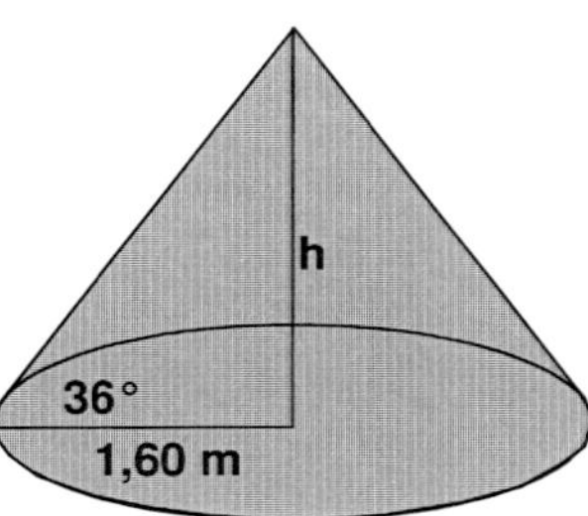

AUFGABE 4

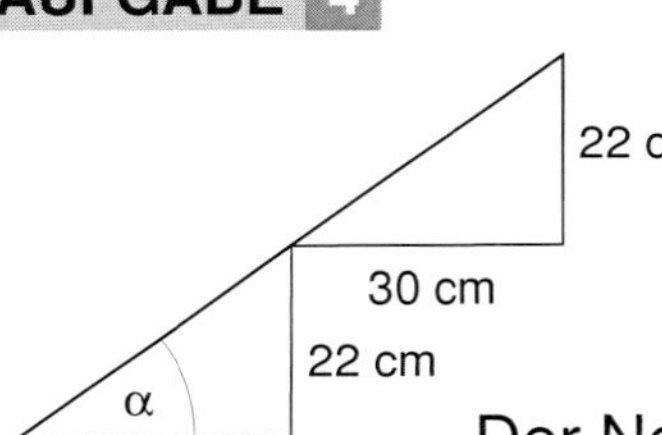

$\tan\alpha = \frac{22}{30}$

$\tan\alpha \approx 0{,}73333$

$\alpha \approx 36{,}25°$

Der Neigungswinkel des Treppengeländers beträgt 36,25°.

AUFGABE 5

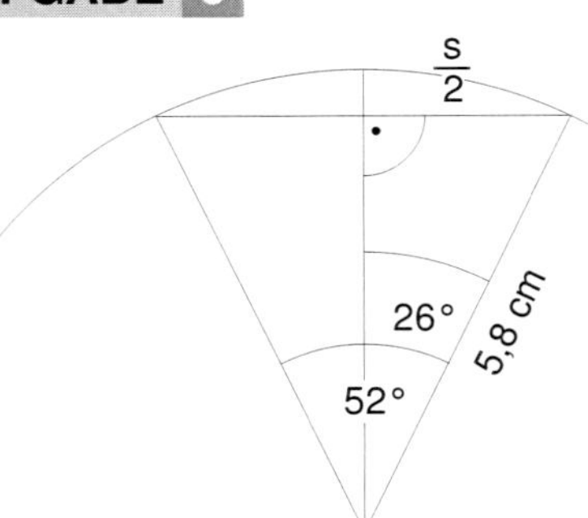

$\sin 26° = \frac{\frac{s}{2}}{5{,}8}$

$\frac{s}{2} = 5{,}8 \cdot \sin 26°$

$\frac{s}{2} \approx 2{,}54$ [cm]

Die Sehne ist 5,1 cm lang.

AUFGABE 6

$\sin 0{,}266° = \frac{\text{Radius}_{\text{Mond}}}{384405}$

$\text{Radius}_{\text{Mond}} = 384405 \cdot \sin 0{,}266°$

$\text{Radius}_{\text{Mond}} \approx 1784{,}623$ [km]

Der Durchmesser des Mondes beträgt 3569,2 km.

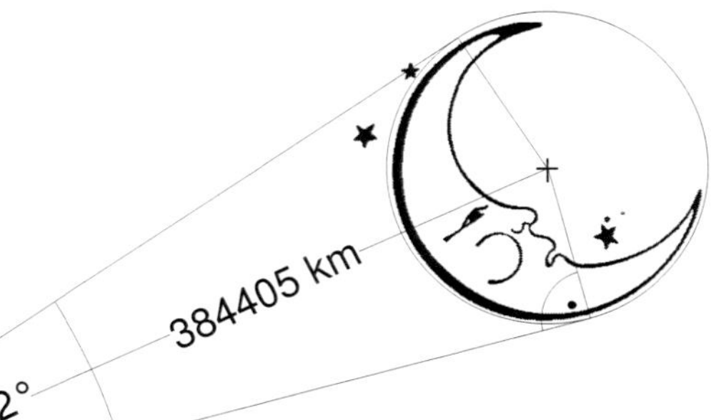

Sinus, Kosinus und Tangens
Basistraining zur Trigonometrie – Bestell-Nr. 11 073
KOHL VERLAG

Lösungen

Test III, Seite 41

AUFGABE 1

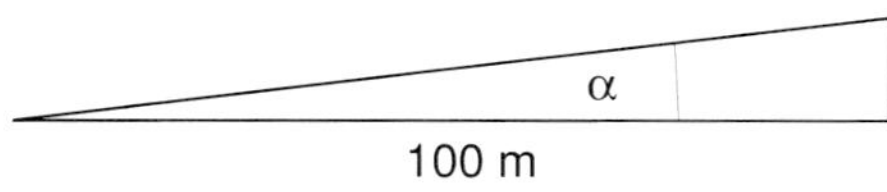

$$\tan \alpha = \frac{16{,}4}{100}$$
$$\tan \alpha = 0{,}164$$
$$\alpha \approx 9{,}31360°$$

Der Höhenunterschied beträgt 1148 m (16,4 m • 70).

AUFGABE 2

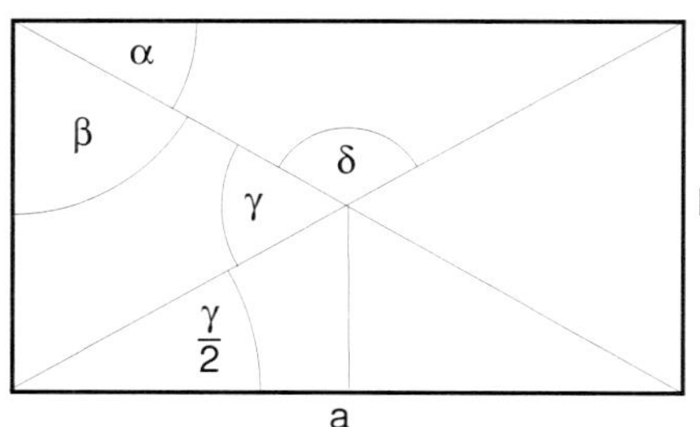

$$\tan \alpha = \frac{b}{a}$$
$$\tan \alpha = \frac{4}{7}$$
$$\tan \alpha \approx 0{,}57143$$
$$\alpha \approx 29{,}74488°$$

$$\beta = 90° - \alpha$$
$$\beta \approx 90° - 29{,}74488°$$
$$\beta \approx 60{,}25512°$$

$$\tan \frac{\gamma}{2} = \frac{2}{3{,}5}$$
$$\frac{\gamma}{2} \approx 29{,}74488°$$
$$\gamma \approx 59{,}48976°$$

$$\delta = 180° - \gamma$$
$$\delta \approx 120{,}51024°$$

AUFGABE 3

$$\tan 38° = \frac{2300}{x}$$
$$x = \frac{2300}{\tan 38°}$$
$$x \approx 2934{,}86575\ [\,m\,]$$

$$\tan 52° = \frac{2300}{y}$$
$$y \approx 1796{,}95694\ [\,m\,]$$

$$x - y \approx 1137{,}90881\ [\,m\,]$$

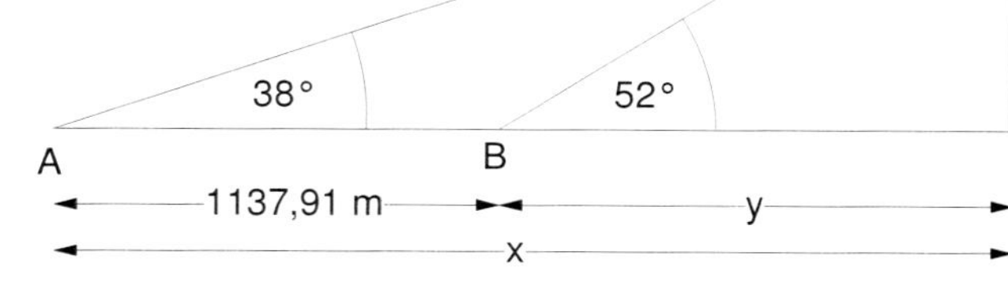

AUFGABE 4

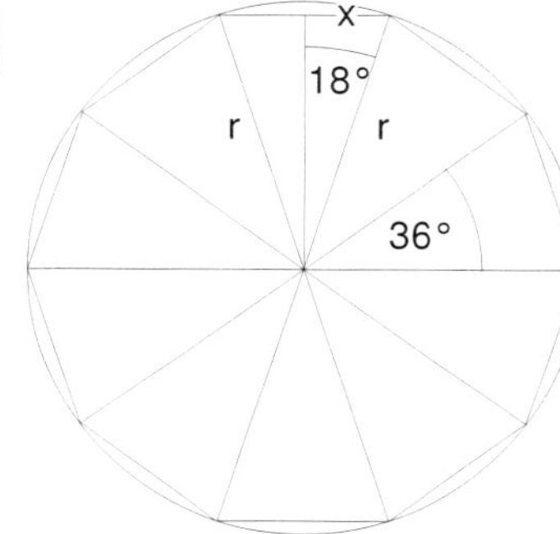

$$\sin 18° = \frac{x}{5}$$
$$x = 5 \cdot \sin 18°$$
$$x \approx 1{,}54508\ [\,cm\,]$$

$$u \approx 20 \cdot 1{,}54508$$
$$u \approx 30{,}9016\ [\,cm\,]$$

Der Umfang des Zehnecks beträgt 31 cm.

AUFGABE 5

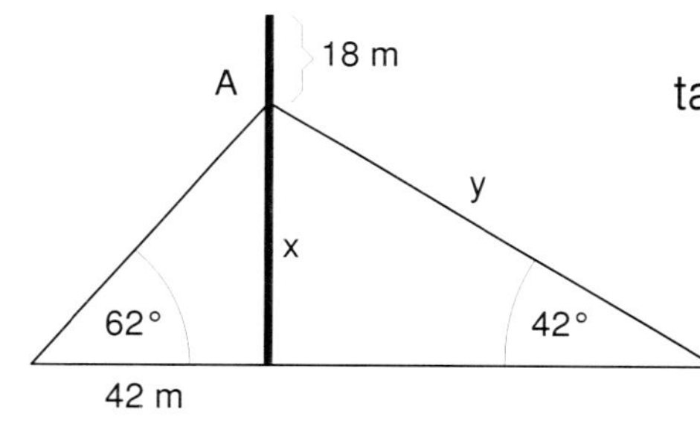

$$\tan 62° = \frac{x}{42}$$
$$x = 42 \cdot \tan 62°$$
$$x \approx 78{,}99051\ [\,m\,]$$

Der Sendeturm ist 97 m hoch.

$$\sin 42° = \frac{x}{y}$$
$$\sin 42° \approx \frac{78{,}99051154}{y}$$
$$y \approx \frac{78{,}99051154}{\sin 42°}$$
$$y \approx 118{,}04947\ [\,m\,]$$

Das Abspannseil ist 118,05 m lang.

AUFGABE 6

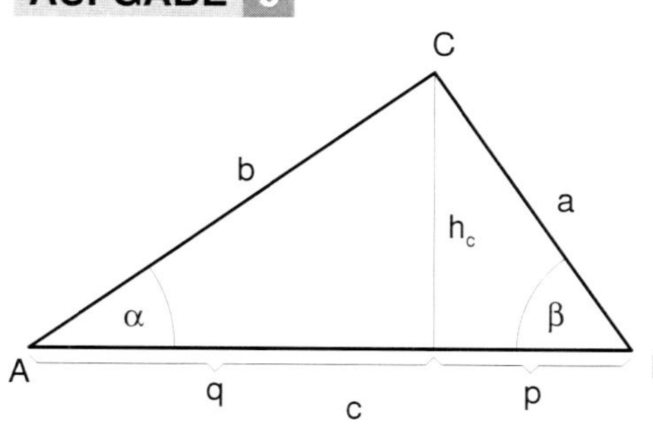

$$\tan 35° = \frac{h_c}{5}$$
$$h_c \approx 3{,}5\ [\,cm\,]$$

$$\beta = 90° - \alpha$$
$$\beta = 55°$$

$$\tan 55° = \frac{h_c}{p}$$
$$p \approx 2{,}45\ [\,cm\,]$$

$$c = q + p$$
$$c \approx 7{,}45\ [\,cm\,]$$

$$\cos 35° = \frac{q}{b}$$
$$b \approx 6{,}10\ [\,cm\,]$$

$$\cos 55° = \frac{p}{a}$$
$$a \approx 4{,}27\ [\,cm\,]$$

$$u = a + b + c$$
$$u = 17{,}82\ [\,cm\,]$$

$$A = \frac{c \cdot h_c}{2}$$
$$A \approx \frac{7{,}45 \cdot 3{,}5}{2}$$
$$A \approx 13{,}04\ [\,cm^2\,]$$

Sinus, Kosinus und Tangens
Basistraining zur Trigonometrie – Bestell-Nr. 11 073
KOHL VERLAG